JN035976

「誤差」「大間違い」「ウソ」を見分ける統計学

デイヴィッド・サルツブルグ＝著

竹内 惠行・濵田 悦生＝訳

Errors, Blunders, and Lies:
How to Tell the Difference

共立出版

Errors, Blunders, and Lies:
How to Tell the Difference

By David S. Salsburg

本書を孫たち，マシューとその妻，アミー，ベンジャミン，
ネイサン，ジョシュア，レベッカ，ザッカリー，パトリック，
ライアン，そしてジョセフに捧げる。
私がそうであったように，彼らが選んだ職業でたくさんの
楽しみに恵まれますように。

日本語版への序文

　私がファイザーの研究部門に勤務していたときに，しばしば実験室に下りて，分析している数字がどのように得られているのかを見に行ったことがある。技術者の多くは，すべてのものを2，3回測定し，そうした測定値の平均を記録していたことがわかった。これは，最も注意深く行った実験においてですら，よく見られたことの一例である。歯車は滑るかもしれないし，基質に微小な変化が生じるのかもしれない。どんな観測値であっても，真の値にいくらかの微小な乖離が加わっている。それは統計学の文献では「誤差」と呼ばれているものである。

　別の例を挙げよう。リットルの目盛が付いた機器を用いて最大呼気速度（PEFR）を測定する臨床研究で患者を担当したことがある。ある女性患者は，一貫して1リットルであると報告していた。彼女を見た臨床医は，彼女が目盛の端を見ていることに気づいた。そこには，尺度がリットルであることを示す「l」という文字が記されていた。彼女は，「l」が1に見え，これを報告するものと考えたのである。これは明らかに大間違いである。

　最後に，数字に適当なばらつきがないことから，それらが偽造された数字であることがわかることはままある。第13章で，王政ローマ期の王たちの治世と言われている期間について考察する。これはアイザック・ニュートン卿が晩年に調べていた疑問の一つである。

　このように，統計手法の大部分は，ある意味で，誤差，大間違い，ウソを扱うものであると要約することができる。本書では，統計学がどうやってこれら3つを扱ってきたかを，例を挙げて見ていくことにしよう。

序　文

　ジョン・テューキー (John Tukey) は，統計家であることの喜びは，他人の専門分野でプレーできるようになることであると記している。統計モデルはとても役に立つことが証明されたため，科学の諸分野，法律，歴史研究，聖書学や，統計モデルがなければ存在しなかった調査研究といった分野において統計モデルが用いられていることを彼は上のように表現した。統計学は 20 世紀に開花し，ほとんどあらゆる科学分野において役割を果たしている。現代のコンピュータは，数万から 1 億単位の数学計算を必要とする極めて複雑な統計モデルを用いることを可能にした。結果として，統計モデルは，21 世紀においても，コンピュータが使えるところではどこでも役割を担っている。

　50 年以上にわたって私は統計学に関わってきた。私は数多くの「裏庭」の泥や汚泥を掘り返すことに喜びを感じてきた。本書では，統計学の利用に関するいくつかの例を示そう。その一部は私自身の経験に基づくものであるし，また一部は異なる裏庭ではしゃぎ回ってきた他の人々の経験に基づくものである。

　私は大学院生のときの数学に関する講義から統計学を難なくこなしてきた。これは，統計モデルの理解と利用についてのしっかりとした基礎と測度論や上級解析学を含む講義から基礎を築くことができたということである。しかしながら，ほとんどの人が，ラドン＝ニコディム微係数やフーリエ変換を勉強する時間や意思を持っていないこともわかっている。本書は統計学の楽しみを高校の代数学以上の数学を学んでいない人に向けて説明している。私の妻であるフランは統計家ではないが，本書の執筆にあたっては私の隣にいて，理解し難い専門用語を用いた箇所を指摘し，その代わりに日常用語に近い言葉を使うよう示唆してくれた。

　統計モデルの一つの見方は，完全に「正しい」とはいえない世界に我々が生活していることを意識することである。物事を測る我々の試みは，小さな

誤差に悩まされる。この世界を理解しようとする我々の試みは，大間違いによって阻まれる。そして，いくつかのケースでは，人々はウソをつくとわかっている。私がそうした裏庭にいるときには，誤差の性質を特定しなければならなかったし，大間違いの影響を阻止せねばならなかったし，誰がうそつきであるかを見つけ出さなければならなかった。さあ，他人の裏庭では何が起きているのかを一緒に見てみよう。

謝　辞

　本書は，私が「容易に理解できる」と思った方法で複雑な考えを「説明」するために書かれたものである。しかしながら，「容易に理解できる」と私が思ったたことは，実際のところ，ある読者にとってはかなり複雑なのかもしれない。また，複雑な考えを数式に基づいて「説明する」ことについても，その分野に精通している人によっては，その「説明」が誤っていると考える可能性が常にある。

　洞察力と批判的視点を持った読者を探し出し，本書の最終稿の助産師としての役割を果たしてくれた Chapman & Hall 社のデイヴィッド・グラブス氏に感謝する。本書全体ないし一部を読み，最終稿を改善する批評を与えてくれた，ニコラス・フィッシャー，ニコラス・ホートン，レジャイナ・ヌッツオ，デイヴィッド・シュピーゲルホルター，デボラ・ノーラン，ジョセフ・ヒルベ，ジョセフ・ブリッツスタイン，そしてアン・キャノンの各氏に感謝したい。また，私の原稿を出版してくれた Taylor & Francis Group に感謝の意を表したい。

目　次

第Ⅰ部

第1章

金星の太陽面通過

　　地球から太陽までどのくらいの距離があるのであろうか。

　　これは古代ギリシャの時代より哲学者や科学者から提起されていた問題の一つである。それは，今日の太陽系の探査において重要な役割を果たしている。地球から太陽までの距離は，天文単位 (AU) と呼ばれている。例えば，惑星である木星は太陽から $5.46\,\mathrm{AU}$，すなわち地球から太陽までの距離の約 5.5 倍も離れている。しかし，$1\,\mathrm{AU}$ の距離はどのくらいであるだろうか。

　　1716 年に，英国の天文学者であるエドモンド・ハレー (Edmund Halley, 図 1.1) は，この距離が測定できる方法について記述している。天文学者たちは，既知の惑星の軌道を計算するためにニュートンの運動の法則を使ってきたし，113 年おきに，地球と太陽の間に金星が一直線上に並ぶ形で金星と地球の相対的位置が表せることを示してきた。天文学者たちは最良の望遠鏡を用いて，金星である黒い点が太陽の表面を横切るのに要する時間を求めることができたのである。この時間は地球上で観測する場所によって異なっている。それゆえハレーは，我々が地球上の相当遠くに離れた異なる二地点における通過時間を測定することができれば，この二つの時間の差，地球と金星の軌道の相対的な距離，そして複雑な一連の計算を用いて，地球から太陽

図 1.1 エドモンド・ハレー (1656–1742)。彼は地球から太陽までの距離は地球上のかなり離れた二地点から観測した金星の太陽面通過時間によって得ることができることを提案した。(istock.com 提供)

までの距離を求めることができると指摘したのである。参考文献 [1] は，高校の幾何の知識のみを前提として，地球上の二地点から天文単位 (AU) を推定する方法を記述したものである。

　金星の太陽面の通過は，8 年の間隔をおいて再び起きる。ハレーは，金星の次の太陽面通過が 1761 年と 1769 年に起きると予測したのである。

　ハレーは 1742 年に死亡したが，彼の提案は生き続けた。1761 年が近づくにつれて，自然哲学者たちのグループは，ロシア，オーストリア，ノルウェー，フランス，そして英国の各国で金星の太陽面通過に対する準備をしたのである。彼らは，持ち運びが容易な小さな軽量の望遠鏡を用意した。太陽の表面を金星である黒い点が横断して動いていく様子を目視するだけでなく，見た像を紙に写し取るために望遠鏡を用いることを計画したのである（眼にダメージを与えることなく　望遠鏡を通して太陽を直接凝視することは不可能である）。

1761 年時点では，地球上の地理のほとんどが特定され，地図に記されていたが，その大部分は荒野であった。文明化されていたヨーロッパでの二地点間の距離は，ハレーの提案からすると近すぎたため，冒険家たちがシベリアからインドやスマトラにわたる各地域に向けて旅立ったのである。十数人の冒険家たちが1761 年と 1769 年の太陽面通過の観測に参加したが，これから見ていくように，すべてが成功したわけではなかった。当時においては，ある科学者は天文学を，他の科学者は化学を，さらに他の者は物理学を，などというように分化して研究を行う形までには科学は進んでいなかった。彼らはすべて「自然哲学者」と呼ばれ，遠くの地を旅行し，植物や動物の生態，人の類型，地理，そして天空の様子を記述して戻ってきたのである。それゆえ，これらの冒険家たちは，金星の太陽面通過の時間を測定する以上のことをするために出かけたのである。彼らは訪れた場所の詳細な観測を報告しようと考えていたのである。

　このために彼らはどのようにして対価を支払ったのであろうか。21 世紀のいま，科学的な企ては慈善団体や政府によって資金援助されているが，この手の援助は第二次世界大戦後の1945 年以降にのみ広く利用可能になった。18 世紀においては，科学者は彼ら自身で裕福であったか，裕福なパトロンの支援を受けていたかのどちらかであった。ジャン＝バティスト・シャップ・ドートロシュとギヨーム・ル・ジャンティ (Guillaume le Gentil) はフランスの下級貴族であった。クリスチャン・マイヤーとアンダース・レクセルはロシアの女帝エカチェリーナ 2 世から資金援助を受けていた。チャールズ・メイソンとジェレマイア・ディクソンは英国で募集された資金でスマトラに赴いたのである。

　当時は，一括して科学文書を保管する中央科学文書館という類のものも存在しなかった。フランス，ロシア，スウェーデンでは為政者によって支援された科学アカデミーが存在した。しかし，群を抜いて最も影響力のある科学団体はロンドン王立協会であった。ヨーロッパ全土に駐在する会員は，王立協会の会合で読みあげられる書簡を送ったのである。例えば，顕微鏡の発明者であるアントニー・ファン・レーウェンフック (Antony van Leeuwenhoek) は裸眼では見えない微小なものの詳細な画をオランダの自宅から送っていた。冒険家たちは，遠く離れた新天地で観測したものを記述した書簡を送ったの

である。トーマス・ベイズ (Thomas Bayes) 牧師は，彼が深く考えた数学的問題を投函したのである。王立協会は，金星の太陽面通過の様々な目撃記録をとりまとめることを決め，地球から太陽までの距離を求めるために，1769年の金星の太陽面通過の後に目撃記録を集めたのである。

1761年の金星の太陽面通過の後に，観測記録が到着し始めた。1769年の金星の太陽面通過の時間を求めるために，セント・ペテルブルグ，カナダ，カリフォルニア半島，タヒチ（有名なキャプテン・クックがこのことに関与していた），ノルウェー，フィラデルフィア，マニラに向かった冒険家たちが，より協調するような努力も払われた。

これらの冒険家たちは危険と無縁ではなかった。1756年に英国とフランスそしてそれらの同盟国の間で戦争が勃発した。米国では，これはフレンチ・インディアン戦争として記憶されているが，そこではジョージ・ワシントンが戦争の仕方を学んだのである。ヨーロッパでは7年戦争と呼ばれる戦いが1763年まで続いたのである。1761年の金星の太陽面通過のために，数多くの冒険家たちが，その戦線を通過する可能性がある英仏両国の外交官からの書簡を携行していた。しかしながら，これらの書簡は常に有効であったわけではない。

1761年の金星の太陽面通過のために，チャールズ・メイソンとジェレマイア・ディクソンが英国を出発したときに，彼らの乗った船はフランスの軍艦から攻撃を受け，10人の船員が死亡し，損傷した船は余儀なく港に戻ることになった。観測を行おうとした場所であるインドにあるフランスの植民地ポンディシェリが英国に奪取されたことをギヨーム・ル・ジャンティが知ったとき，彼はインド洋上にいた。彼の乗った船は向きを変え，モーリシャスに引き返した。しかし，ル・ジャンティは通過の日には海上の揺れ動く船の上におり，観測を行うための安定的な台はなかったのである。1769年の通過では，もっと平和な世界の中で観測値を得られたし，より完璧に近かった。

すべての冒険家の中で，ギヨーム・ル・ジャンティは並外れて不運であった。彼はインド洋上の船上にいたため，1761年の通過の観測を逃したのである。そのため，彼は現地に留まり，フィリピンから1769年の通過を観測することに決めたのである。マニラにあるスペインの役所は彼を疑い，その使命を理解しなかった。だが，彼は機器を据え付けて，スペインの役人とその

妻たちに，晴れた夜空の天体の素晴らしさを見せることができたのである。ル・ジャンティは 1769 年の通過の準備のためにマニラで 3 年間を過ごしたが，フランス科学アカデミーは 1768 年に彼に連絡をとり，フランスによって奪回されていたポンディシェリに戻るよう要請した。

金星の太陽面通過の前夜，ポンディシェリでは晴天であった。だが，通過の当日に天気はどんどん悪くなり，雲が厚くなって太陽が全く見えなくなった（マニラでは晴天で，太陽を観測するのに最適であった）。彼がフランスに戻ると，あまりにも長い間連絡が途絶えていたために死亡宣告がなされていたことがわかったのである。彼の妻は再婚し，親類は彼の財産を分割していた。だが，ル・ジャンティはすべてを失ったわけではなかった。彼は自身の冒険を回顧録としてまとめ，ヨーロッパでベストセラーとなった。カナダの作家モーリーン・ハンターは，1992 年にル・ジャンティの辛苦を劇曲にし，2007 年にはオペラのための台本も書いた。そのどちらにも「金星の太陽面通過 (Transit of Venus)」と名付けた。金星の太陽面通過のときに出かけて行った冒険家たちの話は，参考文献 [2-4] に書かれている。

1769 年の通過の後，数ヶ月の間に，冒険家たちによる最終的な観測結果がロンドン王立協会に送られてきた。王立協会は観測された値を検討する委員会を選任し，それらを使って地球から太陽までの距離を計算したのである。その委員会の委員長はヘンリー・キャヴェンディッシュ (Henry Cavendish) 卿であった（図 1.2）。キャヴェンディッシュ家は少なくとも二世代にわたって科学研究に関与していたが，ヘンリー・キャヴェンディッシュは最も著名で，天文学，化学，生物学，物理学へ大きな貢献をしたのである。ヘンリー・キャヴェンディッシュは水素の性質を解明し，地球の密度を測定し，発酵の性質を明らかにし，かなり慎重な計測によって決定される科学を構築しようとする運動において中心的な役割を果たしていた。当時の「自然哲学者」が，塀で囲まれた独立した学問分野の中にいなかったことを想い起こすと，ヘンリー・キャヴェンディッシュのような天才は，多くの分野に貢献することができたのである。

キャヴェンディッシュ委員会は会議の議事録を丹念にとり続け，それらの議事録と委員会が受け取ったデータの原本は王立協会のアーカイブに保管されている。彼らはどのように作業を進めたのだろうか。（1977 年にスティー

図 **1.2** ヘンリー・キャヴェンディッシュ（1731–1810 年）。彼の委員会は地球から太陽までの距離を推定するために金星の太陽面通過の観測から得られたデータを用いた。（istock.com 提供）

ブン・スティグラー (Stephen Stigler) はキャヴェンディッシュ委員会による結論を改善できるかどうかを調べるために，それらのデータを用いて現代のコンピュータによって統計手法を集約的に適用した。それらの手法については第 10 章で触れる。）

　エドモンド・ハレーは，金星の太陽面通過を地球上の二地点で観測したときに，通過時間の差と，二地点間の距離から，地球から太陽までの距離が計算できることを提案した。基準に適合する観測値がどのくらい多かったかによるが，比較可能な二つの観測値が，赤道の南北のいずれか一方から得られたときに，精度が最も高くなった。しかし，キャヴェンディッシュ委員会は利用可能な観測値のペアを 45 程度に絞った。では，どの観測値のペアを使うべきなのであろうか？

　20 世紀に統計モデルが台頭するまで，科学者はこれらのような観測値や実験結果を収集することを考え，その中から注意深く「最良」のもの，ないし「最良」の一つを選んだのである。例えば，1870 年代にアルバート・マイケルソン (Albert Michelson) はワシントン D.C. にある海軍天文台で光の速度

を測定しようとしていた。彼のアイデアは細い白色光線を二つの異なる鏡の経路に通すことであった。最終的にはどちらの光線も投影されるスクリーンに干渉縞ができるまで，彼は鏡の位置を調整した。二つの経路の長さの違いを用いて，光の速さを測ろうとしたのである。

　この実験を行うために，マイケルソンは純白光の安定的な光源を必要とした。その当時，利用可能な人工光源で，彼が必要とするタイプの光線を作れるものは一つもなかった。しかしながら，天文台の壁に亀裂があり，昼間のある短い時間に，その亀裂を通して太陽光が差したのである。それゆえ，毎日その短い時間に測定をしたのである。彼はすべての実験を記録したが，最終的な分析に使用したのは記録のうちのほんの一部であった。それは，どの実験結果が「正しかった」かを，彼の実験の経験と培われた感覚が識別してくれることを信頼していたからであった。

　（大多数の科学が政府か財団の助成による支援を受けている今日では，観測データや実験データの中から「正しい」値を選ぶことは研究不正と考えられている。信頼できる科学者はすべてのデータを提示することが期待されている。本書ではこのような考え方に，なぜ，またどのようにして至ったのかを示す。）

　そうした18世紀ならびに19世紀における科学の精神で，キャヴェンディッシュ委員会は「正しい」データを求めて，収集されたデータを詳細に検討したのである。

誤　差

　彼らが遭遇した最初の問題は，「ブラック・ドロップ」問題[†]と呼ばれている。金星を表す黒い点が太陽の円に入るときと出るときに，冒険家たちが正確に観測できなかったことから判明した問題である。彼らは金星を表す黒い点が太陽の円を横切る正確な瞬間を観測できなかったが，その代わりに太陽の円の外縁に差し掛かったときに，黒い点が伸びて大きくなり，突然円の中に黒い点があるのを見たのである。黒い点が太陽の円から出るときにも同様な問題が生じた。ハレーが提案した計算は，横断する時間が秒単位で得られ

[†] 訳注：原著では black dot となっているが，記述内容から black drop の誤りだと思われる。

ることを前提としていた。

これはほとんどすべての科学的観測において生じる問題である。慎重に複数回行われる観測では，よく異なる値が得られる。正確な測定を再現することができないというこの失敗は，原子物理学に至るところまで及んでいる。その原子物理学の現在の理論では，個々の素粒子の位置やスピン，それに測定したいものが何であったとしても，基本的にランダムであるということがわかっている。

本書では，観測値におけるこの種の差異を測定上の「誤差 (error)」と呼ぶことにする。本書の第 II 部では，どのように近代統計手法が「誤差」を扱ってきたかを見ることにしよう。

大間違い

しかし，キャヴェンディッシュ委員会は単なるランダムな誤差以上のものも認めなければならなかった。冒険家から報告された数値の一つは，委員会の持つデータの他のどれとも合致しなかった。委員会がその冒険家の横断時間を数式に代入したときに，その結果は他の計算結果とは著しく異なっていたのである。最終的に，その冒険家は観測した位置の経度を誤って得たものと，委員会は結論付けたのである。実際，18 世紀を通じて，地球上の位置の経度を測定することは大変難しかったのである。正午における地平線から太陽までの高さを観測することで，緯度は簡単に求められる。しかし，経度はあなたがいる場所や（グリニッジ子午線のような）複数の地球上の固定された地点で観測した正確な時間がわからないと求めることはできない。

正しい経度が得られなかった失敗は，ブラック・ドロップ問題のような「誤差」ではない。1920 年代に統計家のウイリアム・シーリー・ゴセット (William Sealy Gosset) は「誤差」と「大間違い (blunder)」の区別を与えた。誤差は，測定行為に付いてまわる測定の差異のことである。大間違いはそれ以外のものである。

私はかつて，一定の温度を保つことが想定されている大規模な発酵反応装置内で記録された温度の調査に関与したことがある。1 時間に 1 回，最新の温度を測るために，作業員は反応装置から小さなバケツで内容物を取り出さねばならなかったし，またその温度に応じて反応装置に流す冷水の量を調整

しなくてはならなかった。我々は1週間の記録を調べたが，作業員が交代したときに温度が突然下降し，それをもとに戻すために調整しなければならなかったこと，また次の交代のときには温度が突然上昇し，それをもとに戻すために調整しなくてはならかったことがわかった。その2回の交代のときには何が起きていたのかを観察するために，誰かを現場に行かせたのである。

反応装置からバケツで内容物をすくい出すことは，汚い仕事である。作業員は金属の梯子を登り，小さなスペースに手を伸ばしてふたを開けなければならなかった。だから，その作業は最も若い人間に割り当てられることが多かった。最初の交代時にサンプルを取り出した人は，雇用されたばかりで，バケツと温度計を手に，発酵タンクの温度を測るように言われていたことがわかったのである。彼を観察すると，ふたまで登って内容物のサンプルを取り出していた。そして，温度計を手に取って上下に強く振った後にバケツに突っ込み，数分待ってから温度計を取り出し，温度計が読める灯りのところまで持って行ったのである。

彼が使ったことのある温度計は，彼が家で使っていた体温計だけであった。体温計には，体温計を振って水銀を下げない限り水銀が最大値を保つように，小さなくびれが付いている。彼が観測に使った温度計にはそのようなくびれが付いていなかったので，何を記録したとしても，それは周囲の温度であったことに彼は気づかなかった。それゆえ彼の「測定」した反応装置の温度は，実際のところ，反応装置の周りの空気の温度であった。ゴセットの言葉を使えば，彼の測定結果はすべて「大間違い」であったのだ。

本書の第III部では，大間違いをどう特定するか，またそれを統計分析の中でどう処理するかについて扱う。

ウ　ソ

一人の冒険家がキャヴェンディッシュ委員会を悩ませていた。それは，過去の冒険におけるいくつかの「発見」を誇張したことで知られていた男であった。彼のデータは信頼できるのであろうか。

近代が始まったときから，科学活動には捏造の事例に事欠かない。世界の真の性質を明らかにしようとする多くの探検家や科学者による誠実な試みにもかかわらず，例外は存在するのだ。

昔の例として，1508 年のセバスチャン・カボット (Sebastian Cabot) による航海記を取り上げよう。カボットは，英国王ヘンリー 7 世の財政支援の下，乗組員 300 人とともに 2 隻の船で英国のブリストルを出港した。彼は北大西洋を横断し，ニューファンドランド島を発見し，ハドソン湾を航行した。彼はハドソン湾を南北アメリカ大陸から東洋に向かう北西の航路の始まりであると考えていたのである。しかし，彼の部下が先に進むことを拒み，帰還したのである。少なくとも，この話は，セバスチャンが語った航海記だと思われている。しかし，その航海について現存する資料はないし，我々が得られるすべての証拠はセバスチャンから聞いた人々の発言である。セバスチャン・カボットがスペイン王から船長と呼ばれ，その後すべてのスペインから新世界へと向かう発見の航海のすべてを監督する権限を与えられたところに，彼の物語の強さがある [5]。

　カボットの 1508 年の航海について確認された情報はないが，同時代の批評家たちから彼は自慢話が好きで，人によって異なる航海譚を語っていたと言われていたことはわかっている。今日では，彼が 1526 年にスペインの一つの遠征隊を率いて南アメリカに赴いたが，彼の不適切な操船術ならびに先住民への挑発的な行為により奇襲を受けて多くの部下を失ったために，失敗に終わったことが知られている。

　幸いなことに，科学分野におけるセバスチャン・カボットはわずかしかいないが，行っていない実験のデータが公表されること，自分たちの推論を「証明する」ために画像を改ざんして示すこと，存在しない双子のペアの観測結果の詳細についての綿密といえる記述をすること，という場面に彼は存在するのである。

　かつて，大多数の科学者が自らの研究から得たものは名声であった。そのような名声を得るために，データを捏造する人間はいまだにいるのである。しかし，第二次世界大戦後に，科学はもっと儲かる「ビジネス」になったのである。成功を収めた科学者は，自分の研究が政府の支援や民間財団の助成金による支援を受けることを期待する。金と名声の誘惑が，誠実でない科学者をときとして過剰にさせるのである。データが改ざんされたり，捏造されていることを，どうやって知ることができるのであろうか。本書の第 IV 部では，うそつきを特定するために，どのように統計手法が用いられてきたか

を示す。

　結局のところ，地球から太陽までの距離はどのくらいであるのだろうか。
現在の推定では，1 AU の長さは 92,955,807 マイル〔149,597,870,700 m〕で
ある。キャヴェンディッシュ委員会の推定値は，それより 4%外れていた——
現代の統計手法の助けを借りることなく，正しい答えを見つけるために「ブ
ラック・ドロップ」問題を克服しなければならなかった 18 世紀の委員会に
とっては悪くない数字である。

まとめ

　18 世紀にロンドン王立協会は，1761 年と 1769 年に起こった金星の太陽
面通過の時間を観測するために世界の異なる場所に赴いた冒険家たちから観
測報告を収集した。これらの報告を分析し，それを用いて地球から太陽まで
の距離を求めるために，委員会が組織された。その過程で委員会は，通過の
正確な時間を特定できないことから生じる小さな不確定要素に取り組まなけ
ればならなかった。それらは，現代の統計用語では「誤差」と呼ばれている。
冒険家の一人は，明らかに彼が観測した場所の経度を特定していなかった。
統計学では，このことを「大間違い」と呼んでいる。冒険家の一人は以前よ
り「ウソ」をついていた。これは，捏造されたデータを見抜くことを，問題
として提起している。

参考文献

金星の太陽面通過時間から天文単位を推定する方法に関して

[1]　http://profmattstrassler.com/articles-and-posts/relativity-
　　　spaceastronomy-and-cosmology/transit-of-venus-and-the-distance-
　　　tothe-sun/ (last modified June 2012).

1761 年，1769 年の金星の太陽面通過調査旅行の歴史に関して

[2]　http://www.astronomy.ohio-state.edu/~pogge/Ast161/Unit4/
　　　venussun.html (last modified May 2011).
[3]　http://sunearthday.nasa.gov/2012/articles/ttt_75.php　(last　modified
　　　June 2012).
[4]　http://www.skyandtelescope.com/astronomy-news/observing-news/

transits-of-venus-in-history-1631-1716/ (last modified June 2012).

セバスチャン・カボットの話に関して

[5] Roberts, D. (1982) *Great Exploration Hoaxes.* San Francisco, CA: Sierra Club Books, pp. 24–39.

第II部

誤　差

第2章

確率 vs. 尤度

　思慮深い科学的探究の多くには常に不確実性がつきまとう。同じ事象の複数の観測値はそれぞれ異なる値をとることが多い。野外実験では予想されない出来事（事象）の介入を受ける。患者は明確な「原因」なしに治癒することも死亡することもある。20世紀の初めまで科学者は一番「正確」とされる数字を取り上げ自らの判断に用いていた。ヘンリー・キャヴェンディシュやアルバート・マイケルソンのような感覚の鋭い天才の手にかかれば利用可能なデータから注意深く選んだ一部のデータによって真理に非常に近いものになる。

　だが，才能に恵まれなかった誰かの手にかかると「結果」は後に全く正しくなかったか，完全に誤っていたと宣告されることになる。この判断の誤りは医学の歴史の中に見出すことができる。ジョージ・ワシントンは発熱とひどいせきで寝ていたため，彼の主治医は熱を下げるために何度も血を抜き瀉血し彼の死を早めた。1928年にピエール・チャールズ・アレクサンドル・ルイス (Pierre-Charles-Alexander Louis, 1787–1872) は血を抜くことの有効性を調べることにした。彼は発熱した患者で瀉血した者としなかった者との記録を比較した。瀉血しなかった患者の平均回復時間は瀉血した患者の平均

回復時間のほぼ半分であった。彼がこの結果を公刊した年の後にフランスに輸入された瀉血用ヒルの数は20%以上も増加した。フランスの医師コミュニティは、発熱に対する治療として瀉血を推奨したガレノスのような古代の哲学者の言葉より注意深い計数に基づく医学知識を受け入れる準備がまだできていなかったのである。

科学者の「専門的」判断が誤っていることがあまりにも頻繁に証明されたため、19世紀末の生物学を始めとして科学のより多くの分野で統計モデルが適用されるようになった。1930年代までに統計モデルは物理学、化学、社会学、心理学、天文学、そして経済学で用いられるようになった。医学は統計モデルが使われ始めるのが最も遅れた分野の一つで、それは1950年代末から1960年代初めであった。

統計モデルの基本的な考え方は式(2.1)に要約することができる。

$$観測値 = 真値 + 誤差 \qquad\qquad (2.1)$$

天空上の二つの惑星間の角距離を測定することを考えよう。大気乱流、望遠鏡の歯車の滑り、そして雲の介入のために我々の測定値は決して「正しい」答えを得ることはない。これらの真値からの乖離は起こりうる誤差が集まって生じたものと考えることができる。これらの誤差は不確実性の雲として記述されてきた。物理学者ジョージ・ガモフ (George Gamow, 1904–1968) はこうした乖離状態を不確実なビリヤード球を用いて記述した。ビリヤード球は一つしかないのに、一見、ビリヤードテーブルは「あいまいでつかみどころのなく」動いている複数の球が混じり合って満たされているように見える。ビリヤード球についての（ガモフの原子物理学の世界でプランク定数と呼ばれる）不確実性の程度は、我々が通常見る対象物についての不確実性の数千倍も大きい。

この不確実性の雲の要素（すべての起こりうる誤差の集合）は確率を用いて記述することができる。この雲の中心は0という数であり、0に近い雲の要素はこの中心からはるか離れた要素よりもより起こりやすいのである。確率分布と呼ばれる数学関数を用いて不確実性の雲を定義することでこの定義をより精微にすることができるのである。非常に多くの確率分布が定式化されているが、その中のいくつかはかなり複雑になっている。本書の大部分で

は，議論を（ときに「ベル型曲線」と呼ばれる）正規分布とポアソン分布という二つの分布に絞ることにしよう。

　さあ，同一物に対する異なる測定値を得てしまったかわいそうな科学者は異なる測定値だけでなく，起こりうる誤差の理論的なすべての集合も扱わなくてはならない。どうやってこれが彼に「真値」への近さをもたらすのであろうか？　なぜこれが，キャヴェンディッシュ委員会が地球から太陽までの距離を測定するのに用いた注意深く選んだデータよりも少しでも優れているといえるのか？　このことに答えるために，比較的単純な確率分布を使って一切れのケーキの中に入っているレーズンの数を扱うことにしよう。

　レーズンの入ったケーキの生地はかきまぜられる。それぞれのレーズンは生地の中のどこにあるかがわからず，なめらかに乳化された生地とは違い，ケーキの特定の一切れにレーズンが全くないか2粒や3粒入っている可能性もある。非常に低い確率であるが，一切れの中にすべてのレーズンが入ってしまうこともありうる。一切れに少なくとも1粒のレーズンが入っている確率は一切れの大きさに依存している。一切れが大きいほどその中にレーズンが少なくとも1粒入っている確率は大きくなる。

　テルアビブ大学のイスラエル・フィンケルスタイン (Israel Finkelstein, 1949–) は考古学において統計手法を用いる研究者の一人である。ケーキの中にレーズンを入れるという考え方をより複雑な状況に，どのように拡張できるかを示すことを目的として紀元前12世紀から紀元前11世紀の間にヨルダン川西岸にヒトが定住した証拠を得るために彼が企画した調査を考えよう（参考文献 [1] を見よ）。一切れのケーキのようにどの所与の時代区分において，定住地の跡がゼロまたは1つや2つ見つかるかもしれない。もし，こうした定住地がランダムに生じるならば，ある所与の地域において1つ以上の定住地が見つかる確率は同じ統計的パターンに従うだろう。フィンケルスタインはこれらの家々が何らかの方法で群れを形成しているという証拠を見つけること，それが異なる部族集団を示すことに関心を示した。彼は，ある「レーズン」が他の「レーズン」を知り，ともに群れを作った証拠を探していたのである。

　フィンケルスタインにとって「一切れ」は区分けされた土地であった。以前に人が居住していた洞窟を掘った。ほかの考古学者は二つの時代が特定できる堆積層の間に石のやじりのような人が住んでいた証拠を探している。彼

らの「一切れ」は三次元の領域である。我々は，特定の事象が含まれていると思われる領域ないし物事のまとまりを「基質 (substrate)」と呼んでいる。この語は，地中の遺物や火山灰の地層のような地質学的構造によって時代領域を特定する考古学者や古人類学者の考え方から来ている。

そして，一般的なやり方として，少なくとも一つの事象が起こる確率が調べようとする基質の領域のサイズ（大きさ）に比例するような形で複数の基質を通じて多かれ少なかれ均一に分布している物を数えるときの数学モデルを用いる。流産の恐れのある妊婦の数，一定の時間に検知器にかかった宇宙線の数，所与の月に特定の工場で発生した産業事故の数も同じである。このタイプの確率分布はフランスの数学者シモン・デニス・ポアソン (Simeon Denis Poisson, 1781–1840) にちなんでポアソン分布と呼ばれている。本書でこの分布を取り上げたのは，比較的単純な数学的な構造を持っているためである。それゆえ数学的表記法にかなりの時間を割くことなく洗練された考え方を議論することができる。

ポアソン分布の代数的な表現によると，x 回の事象を観察する確率は，

$$\frac{e^{-\theta}\theta^x}{x!} \tag{2.2}$$

に等しくなる。

これは高校数学で扱う代数表現の使い方とそれほど異なるわけではない。例えば，高校数学では距離 d，速度 r と時間 t の間の関係を

$$d = rt$$

で表す。

アイザック・ニュートン卿が指摘したように，この式は三つの変数のうち，いずれか一つの値が他の二つの情報から決定できることを示している。

統計モデルにおいて代数表現を用いるときには，問題はより複雑となる。なぜなら，我々は確率を「観測」できないし，その正確な値を知らないからである。我々は観測に基づいて確率を推定できるだけである。だが，同じ原理を当てはめるのである。一般的な数式において数を表現するのに文字を用いる。そして観測できる数を用いて観測できない数を「求める」のである。

式 (2.2) において数字を表すのに三つの文字，e, θ, x が使われている。π

の数値（円と円周と直径との比）と同様に e の数値は定数である。その背景にある厳密な数学を理解したい人のために e の数値の導出は本章の末尾に示した。だが，π のようにそれは常に同じ値の定数である。x は我々が観測できる数を表している。ポアソン分布のケースでは特定の一切れのケーキに入っているレーズンの数がそれである。3 番目の数はギリシャ文字の θ（シータ）で表現されている。これは手元の問題を記述するのに用いることができるポアソン確率の厳密な値を決定する数である。

　分布の形に影響を与えるが観測できない数を**パラメータ**（**母数**）と呼び，慣習としてほとんど常にギリシャ文字で表現される。

　ポアソン分布を用いると，一切れのケーキに 7 個のレーズンが観測できる確率は，

$$\text{Prob}\{x = 7\} = \frac{e^{-\theta}\theta^7}{7!} \tag{2.3}$$

である（$7! = 7 \times 6 \times 5 \times 4 \times 3 \times 2 \times 1$ であることを思い出そう）。

　統計手法の背後にある考え方は，パラメータ（ギリシャ文字）の値を推定するために観測された値（ローマ文字）を用いるものである。

　「推定値」という言葉（単語）の使い方に注意しよう。数学ではよくありふれた日常用語を用いるが，それらの言葉に厳密な意味を与えている。通常の言語では，言葉はしばしばあいまいで，複数の意味を持つものとして用いることができるが，数学ではすべてが注意深く定義されていなければならない。（数学上の定義で）推定値は観測値から導出された数値であり，それは真のパラメータの値に可能な限り近いものである。有用な推定量はほかのものよりある意味で「良い」推定量である。

　（私には，訴訟における鑑定人と呼ばれる職業の友人がいるが，相手側の弁護士は彼に対して「何某博士，あなたがここで示したことは推定に過ぎないというのが正しいのでは？」と言った。その弁護士は，厳密な数学的意味の「推定」と，推量の一種であるあいまいな日常用語を混同していた。）

　良い統計的推定量はどのような性質を持つべきであろうか。我々は確率を扱っているので，我々の推定値がパラメータの真の値と極めて近いという確率から始めよう。データが得られるほど，その確率が大きくなってほしい。この性質は**一致性**と呼ばれている。これは確率についての言明である。正し

い答えを得られることが確実であるとは言っていない。正しい答えに近い確率が極めて高いと言っているのである。

　上の段落では，推定量に伴う不確実性の分布の中心について扱った。しかし，そのような不確実性について別な見方が必要である。中心が同じであるような不確実性の分布が二つあり，片方がもう片方より散らばっているとしよう。中心の周りの散らばりを見る方法が必要となる。散らばりの尺度が必要である。そのような尺度の一つが分散である。誤差のとりうる値を考え，分布の中心からの偏差の2乗を計算する。そうした2乗の偏差の平均が分散である。散らばりの尺度には他のものもあるが，本書では散らばりの尺度として分散を使えば十分であるとしよう。

　さて，何をパラメータの良い推定量とするかという質問に戻ろう。

　良い推定量は単に一致性があるという以上のものでなくてはならない。他の推定量よりも分散が小さくなくてはならない。この性質は**最小分散**と呼ばれている。もし実験を何回か行ったときに，我々が得る「答え」は，他の推定量に基づく「答え」よりも（真の値に）より近いことも意味する。

　現代統計理論の多くを築いた天才である R. A. フィッシャー (R. A. Fisher, 1890–1962) は，もし，推定量が以下のように計算されるのであれば，一致性と最小分散という2つの性質を持つことを証明した。

　式 (2.3) は x の観測値が7である確率を与える。もしケーキの一切れに実際に7粒のレーズンが見つかれば，この式は意味をなさない。実際に観測しているのだから，一切れに7粒のレーズンがある確率は1である。つまり，式 (2.3) は確率ではないため，フィッシャーは**尤度**と呼んだ。それは未知のパラメータ θ と観測値7を結びつける式である。フィッシャーは尤度を最大化するパラメータの値が，我々が探していた二つの性質，一致性と分散の最小性を持つこと，そしてそれゆえ多くの場合において，パラメータの他のどんな推定法よりも良いことを証明した。これらは**最尤推定量**と呼ばれる。式 (2.2) では，$\theta = 7$ は尤度を最大化するので，最良の方法は1つの観測値を用いることである。しかし，通常我々は1つ以上の観測値を得ている。その場合，尤度はどのように見えるのだろうか。

　大工場では産業事故はときどき起き，そのような事故で労働者はしばしば負傷し，死亡することすらもある。ある会社が産業事故を減らすことを意図

とした新しい教育プログラムを導入したと考えよう。どのようにすればこの新しいプログラムは実際に「機能している」と知ることができるだろうか。

1920 年代に心理学者は産業事故の主たる原因を発見したと考えた。彼らは何人かの労働者は複数の事故に遭っていたことを示し，そのような労働者のことを「事故傾向」のある人と呼んだ。次の 50 年間に，「事故傾向」のある労働者の特徴を特定し，彼らの何が他の人と違うのかを調べることに懸命となった。これらの試みのすべては失敗した。これは「事故傾向」のある労働者などというものはいなかったからである。産業事故は，統計的に独立な値をとるポアソン分布に従うことが示されてきた。2 人の異なる労働者が事故に遭う確率は，1 人の労働者が 2 つの事故に遭う確率と等しいのである。文献 [2] は「事故傾向」についての無駄な研究を表したものである。

新しい教育プログラムを導入した会社の話に戻り，そのプログラムの導入前 6 ヶ月間と導入後 6 ヶ月間における事故のデータを集めたとしよう。また，導入前 6 ヶ月間の事故数がそれぞれ

$$6, 2, 5, 0, 7, 3$$

であるとしよう。6 個の独立なポアソン分布に従う確率変数のための公式を用いると，このデータの尤度は

$$\frac{e^{-\theta}\theta^{(6+2+5+0+7+3)}}{6!\,2!\,5!\,0!\,7!\,3!} \tag{2.4}$$

になる。新プログラム導入後の 6 ヶ月間の事故数がそれぞれ，

$$0, 2, 0, 5, 12, 1$$

とすると，このデータの尤度は

$$\frac{e^{-\theta}\theta^{(0+2+0+5+12+1)}}{0!\,2!\,0!\,5!\,12!\,1!} \tag{2.5}$$

となる。科学者が「最良」に近いデータを用いた時代であった 19 世紀初頭に戻ったならば，二つの異なる見方を見つけたであろう。一つは新しいプログラムは機能したとするものである。というのも，導入後の 2 ヶ月間は事故が起きていないからである。12 の事故が起きた月は明らかに異なっており，

何か普通でないことが起きたに違いないので，このことは無視できる。もう一つはプログラムが機能したとしてもそれは最初の3ヶ月間だけであるように見えるというものである。

この1パラメータモデルでは，尤度を最大化するパラメータθの推定量は観測値の平均であることがわかる。新しい教育プログラム導入前の1ヶ月当たりの平均事故数は4.333であるのに対し，導入後の平均事故数は3.333である。

この2つのデータの間に本当に違いは存在するのであろうか。我々の推定値が真値と誤差の和から成り立っていることを思い出そう。誤差に付随する不確実性を最小化するように推定量を選んだが，4.333が3.333と異なるパラメータを推定したといえるのに十分なほど最小化できたのだろうか？

読者はここでおわかりになったように，一旦，統計モデルを科学研究に取り入れることはガムの欠片を踏んでしまうことに少し似ている。歩けば歩くほど，歩みごとにますます取れなくなってしまう。ちゃんとした話は統計学の授業にとっておくことにしよう。

まとめ

基本的な統計モデルは，

$$観測値 = 真値 + 誤差$$

であり，「誤差」は確率分布を持つものとして定義される。各々の確率分布は数式で表現することができる。慣例としてローマ文字は観測値を表現するのに用いられるが，ギリシャ文字はパラメータと呼ばれる。分布の特定の特徴を表すものを表現するために用いられる。

推定量は特定のパラメータを推定するために用いられる観測値の関数である。良い推定量は一致性があり最小分散を有する。これらの性質は，推定量が観測された尤度を最大化しているならば保証される。これはパラメータが一つしかないポアソン分布の例である。

さらに数学的に理解したい人のために

ポアソン分布の数式にはeで表される数字を含んでいる。eの値を計算す

る2通りの方法がある。財務（ファイナンス）における複利の計算式から始めよう。もし，いま1ドルがあり，毎年小さな割合 p がその利子として加わるならば，10年後には，$(1+p)^{10}$ ドルに等しくなる。いま，利子が払われる期間が延びるのに応じて利子の大きさが減少するケースを考えよう。$x =$ 期間とし，$1/x =$ 利子 とするなら，上の数式は，

$$\left(1 + \frac{1}{x}\right)^x$$

となる。

　もし，x が無限に大きくなったら何が起こるだろうか？　$1/x$ が小さくなればなるほど括弧の中はますます1.0に近づく。1.0のべき乗はどんなにべき指数が大きかったとしても値は変わらない。しかし x の値を大きくするにつれて $1/x$ は0ではないので，その x 乗は1.0よりもやや大きな値をとる。これらの2つの相反する傾向は次の値に落ちつく。

2.718281828459045235360287471352662497757247093699959574…

上は e の小数点以下54桁までを示したが，小数点以下の値はずっと続く。小数点以下1千万桁までは，コンピュータプログラムを用いて求めることができる。

　オイラー (Euler) は e の値を求める別な方法を示した [3]。

$$e = 1 + \frac{1}{2!} + \frac{1}{3!} + \frac{1}{4!} + \frac{1}{5!} + \cdots$$

洞察力のある読者は，ポアソン確率分布の数式が，この最後の式からどのように求められるかがわかるだろう。

参考文献

[1] Finkelstein, I., and Lederman, Z. (1997) *Highlands of Many Cultures, The Southern Samaria Survey: The Sites.* Jerusalem: Graphit Press.

[2] 「事故傾向」の歴史については次を参照されたい。https://www.ncbi.nlm.nih.gov/pmc/articles/PMC1038287/ (last modified Jan 1964).

[3] https://www-history.mcs.st-and.ac.uk/HistTopics/e.html (last modified June 2002).

第3章

中心極限予想

　シモン＝ピエール・ラプラス侯爵（Simon-Pierre Laplace, 図 3.1）は，ニュートンの運動の法則を用いて既知の惑星の正確な軌道を求めることを自らの仕事にした。セレステ力学と呼ばれた彼の壮大な偉業のために彼が見出した天空における太陽と惑星との相対的な位置関係のすべての観測値を収集した。彼はニュートンの法則が指し示した詳細な数学的導出において，それらを使おうと試みたのである。すべての観測値をかって？　さて，それが問題を呈しているわけである。これらの歴史的な観測値のすべては，過去の，そして現在の天文学者によってかなり注意深く行われたが，誤差を含んでいる。

　ラプラスが生まれる数年前の 1738 年に，アブラーム・ド・モアブル (Abraham de Moivre, 1667–1754) は，ある種の小さな確率変数をいくつも足し合わせたときに，その平均の確率分布が次式で表現できることを示した。

$$\left(\frac{1}{\sqrt{2\pi\sigma^2}}\right)\exp\left\{-\frac{1}{2}\left(\frac{x-\mu}{\sigma}\right)^2\right\}$$

ここで π は円の直径と円周の比率を示す超越数であり，exp{} という表記は超越数 e の括弧内の数のべき乗を表している。

図 3.1 シモン＝ピエール・ラプラス (1749–1827)。既知の惑星の正確な軌道を決定する
のにニュートンの法則を用いたフランスの数学者。(Shutterstock.com 提供)

　ラプラスは彼の時代およびそれ以前の機器を用いて惑星の相対的位置の正
確な測定値を得ることが極めて困難であることに気づいていた。それゆえ，
彼は観測値を大気のゆらぎや測角儀の調整などのような些細な問題を足し合
わせることによって修正することを思いついた。彼はド・モアブルの確率分
布を数式に加え，それを「誤差関数」と呼んだ。

　この誤差関数はギリシャ文字の μ と σ で表される二つのパラメータから
なる。最初の μ は確率分布の中心を表している（ラプラスの定式化では中心
μ は 0 と設定されていた）。二番目の σ は誤差の値の多くが μ から離れて散
らばっている程度を表している。我々は μ を**平均**，σ を**標準偏差**と呼んでい
る。標準偏差の 2 乗である σ^2 が**分散**である。

　ギリシャ文字でパラメータ（観測できず，推定のみ可能なもの），ローマ文
字で観測値を表すように，確率分布とそのパラメータ，観測値および観測値
から求められる推定値とをそれぞれ区別し続ける必要がある。それゆえ，パ
ラメータ μ を平均と呼び，（しばしば平均の推定量として用いられる）観測
値の平均を**平均値**（標本平均）と呼ぶのである。二番目のパラメータ σ に関

していうと，理論上のパラメータは**標準偏差**と**分散**と呼ばれ，データから得られる推定量は**標本標準偏差**と**標本分散**と呼ばれる。応用統計学の文献ではこの区別が常に守られているわけではないので，不必要な混乱をもたらしている。

19世紀を通して，ラプラスの誤差関数は計算に誤差確率を導入したいと考えた人々によって用いられた。ラプラスが誤差関数と呼んだものは，ガウス分布，**正規分布**，「ベル型曲線」と呼ばれているものである。統計モデルが様々な科学に登場し始めるにつれて，ますます多くの人々が誤差の確率分布を表現するためにこの正規分布を使ったのである。彼らは皆，ランダムな誤差をたくさんの小さな誤差の和として表現でき，ド・モアブルの確率分布が妥当である，と仮定した。これは**中心極限定理**と呼ばれている。それは，いまだかつて証明されていないので，私は「中心極限予想」と呼びたい[†]。

中心極限予想には二つの大きな利点がある。現代のコンピュータが登場する以前においても，μ や σ^2 の最尤推定量を計算することは比較的容易であった。機械式計算機のクランクをたくさん引っ張ることを含み，退屈な作業ではあったが，計算することはできた。これら二つのパラメータの最尤推定量に関して述べると，誤差が正規分布に従うという事実は μ の推定量が正規分布に従い，σ^2 の推定量の分布が容易に得られるということを意味した。それに加えて，N 個の観測値に対して μ の最尤推定量の分散は σ^2/N になる。このことは，観測値の数が多いほど，不確実性による散らばりが小さくなることを意味している。

正規分布には，使用したいと思わせる三つの性質がある。

1. 観測値の平均値は，平均が μ である正規分布に従う（**不偏性**）
2. 誤差の分布は（0を中心に）**左右対称**である。すなわち，誤差が正である可能性と負である可能性は同じである
3. 平均値の分散は，1/（観測値の数）の割合で減少する

私は，地方の州政府で働いていた友人から，かつて以下の実生活上の問題

[†] 訳注：中心極限定理の数学的な証明はなされているが，その証明には Liapunov 条件など一定の条件が必要であり，実際のデータがそうした条件を本当に満たしているかどうかは分からないため，本書において著者は「中心極限予想 (central limit conjecture)」と表現しているものと思われる。

を質問されたことがある。

その州の度量衡局は日用品の棚に並んでいる商品を定期的に購入し，内容物の重量を照合している。規則によれば，例えば 12 オンスとラベルに表示されている箱は，重量平均値が 12 オンスでなければならないが，±1.5 オンスの変動は認められている。変動幅は充填機の精度に基づいて事前に定められている。彼が質問した問題は，会社 X によって製造された強化米[†]の 12 オンス入りの箱を役所で 3 つ購入したところ，3 つともちょうど 11 オンス（許容範囲内）の強化米が入っていた。しかしながら，変動がなく，重量不足であることは，この会社の充填機の精度は十分に高く，以前よりも良く重量を制御できていることを示唆している。またその会社が意図的に容量不足となるようにしているのかもしれない。

彼が持ちかけた質問は，州政府はどのようにこの疑惑が正しいかどうかを判断できるのか，そしてその結論が合理的に確かであることを示すためには，どのくらいの数の箱を量らねばならないのかということであった。もし，これが裁判にかけられるならば，検査をした箱の数および一貫して重量不足であることを示すために用いた手法を，統計学の授業を受けたこともないであろう判事に対して示さねばならない。

さあ，私が判事に対して説明する方法を示すことにしよう。統計学的数学モデル

$$\text{箱の観測重量} = \text{計画された平均重量} + \text{誤差} \tag{3.1}$$

から始めよう。計画された平均重量を推定するために N 個の箱の観測重量の平均値を用いたい。ここで N は統計モデルを検討することによって決められる数である。統計モデルが提案しているのは，観測された重量と計画された重量の差である誤差が正規分布に従うというものである。会社 X が消費者を欺いていることを十分に確かなものとするためにはいくつの箱を検査しなくてはならないであろうか。その答えは分散にある。

4 つの箱の平均をみることを考えよう。基本的な統計モデルでは依然として

[†] 訳注：原著の parboiled rice は，籾米のまま浸漬したものを蒸し，さらに乾燥させて脱穀した米を指す。ビタミン B 群が多くなっているため，強化米に分類される。

$$4 \text{つの箱の平均} = \text{計画された平均重量} + \text{誤差}$$

が成立している。

　しかし，誤差の広がりは，1つの箱のときのそれよりも小さい。平均はゼロで変わらないが分散はもとの誤差の分散を4で割ったものに等しい。もし，15箱の平均を用いるならば，その誤差の分散はもとの誤差の分散を15で割ったものになる。簡単な計算で，標本の重量における平均値の誤差が非常に小さく計画重量が我々の得た平均値に極めて近いことが確かとなるような標本の大きさを見つけることができる。

　純粋数学の客観的で抽象的な原理と，数学的手法が科学において応用される際の，ときとしてずさんなやり方との間には絶えることのない戦いがある。この場合において中心極限予想が成立するために，我々は何が正しいと仮定しなければならないのだろうか？

　1922年にフィンランドのヤール・ヴァルデマール・リンデベルグ (Jarl Waldemar Lindeberg, 1876–1932) は中心極限予想の数学的基礎を分析するための一つの方法を見出した。1930年代にはフランスのポール・レヴィ (Paul Lévy, 1886–1971) がリンデベルグの仕事を拡張し，中心極限定理が成立するのに必要な条件を打ち立てた。しかし，データ集合がリンデベルグ＝レヴィ条件と適合することを証明するのは非常に難しいままであった。そして，1948年にノースカロライナ大学のフィンランド人数学者であるワシリー・ヘフディング (Wassily Hoeffding, 1914–1991) が統計手法の大きなクラスについて，リンデベルグ＝レヴィ条件が成立することを示した。結果として，中心極限定理を用いる科学論文のほとんどは，彼らの手法がヘフディングのクラスを満たす手法の一つを用いていることを示すことで，その定理を利用しているのである。

　正規分布だけが良い性質を持つ不確実性の散らばりではない。他の分布は扱うのがそれほど簡単ではないが，有用であることが知られている。例えば，ノーベル経済学賞を受賞したユージン・ファーマ (Eugene Fama, 1939–) は株式市場における株価の終値に注目してきた。正しい株式を選択するのに洗練された統計手法を求めない者がいるだろうか？　ファーマは終値には正規分布が当てはまるのではなく「対称な安定分布」として知られている数学関

数のクラスが当てはまることを見つけた。そしてこれらを扱うためには上級の解析学が必要である（参考文献 [1] と [2] を見よ）。

別の誤差分布が「扱うのがより難しい」と我々が言うとき，それは観測されたデータに対する誤差の影響を推定するために多くの複雑な数学計算を必要とするだろうということを意味する。これは分析者が計算するのに卓上計算機だけを持っていた時代（またはそれ以前の紙と鉛筆の時代）にはもっともな意見であった。現在，コンピュータの中には，自ら独自の考えを生み出すことはできないが不平も言わず何百万もの計算を素早く実行する不屈の召使いがいる。それゆえ，我々の計算に正規分布以外の他の誤差分布を導入することが可能であり，研究型大学においてなされてきた。しかし，標準的な統計解析ソフトはしばしば正規分布に基づいている。

以降の章では，簡単なモデルである

$$観測値 = 真値 + 誤差$$

の複数の例と，問題を解くために誤差が正規分布に従うとしてきた事例を見ていくことにしよう。

まとめ

中心極限予想は，誤差の多くが数多くの小さな誤差の結果として得られることを示し，それゆえ，正規分布に従うという主張である。誤差が正規分布に従うという仮定は多くの利点があり，統計モデルの応用においてはしばしばそうした仮定が置かれてきた。1930 年代に中心極限予想が成立する必要条件が確立し，1940 年代により精緻化された。

参考文献

[1] Fama, E F., and MacBeth, J.D. (1973) Risk, return, and equilibrium: Empirical tests, *J. Polit. Econ.*, **81**(3), 607–636.

[2] Fama, E F., and Roll, R. (1971) Parameter estimates for symmetric table distributions, *J. Am. Stat. Assoc.*, **66**(334), 331–338.

第4章

病気を測定する

　あなたはどのように病気を測るだろうか？　髄膜炎や連鎖球菌咽頭炎のような急性の病気の場合には，医師は患者が病気から回復しているかどうか，またいつ回復するかを判断することができる。しかし，しばしば特定の治療に対する変化がないように見えるのに患者の症状が悪化したり改善したりする心不全や糖尿病のような慢性的な病気についてはどうだろうか。どうやって治療が「効いている」と判断するのか。患者の反応をどのように測定するのか。

　近代科学の発展は，慎重な測定に依存している。ボイルの法則は，気体の圧力と温度の両方の測定が可能となったことで得られた。ニュートンの運動の法則は速度（とそれに加えて加速度）が測定でき，特定の数値として表現できることを仮定している。だが，医学は遅れをとった。医者が患者を結核であると見立てたとして，どのようにして患者の症状が改善しているか，悪化しているかを測るのだろうか？　そうして，19世紀末から20世紀初めにかけて病気を測る方法を見つけようとする医学の試みがなされたのである。

　慢性閉塞性肺疾患 (COPD) を考えてみよう。これは肺がある種の回復力を失い，呼吸をすることが困難になることで気づくものである。COPD は一

般的に喫煙者のかかる病気であり，患者が喫煙をやめてからも肺への永久的なダメージが続くことをもたらすものである。

　COPD を測るために開発された一つの方法は，患者に管の中へできるだけ強く息を吐かせるものである。息を吐けば管に空気が流れ込み，そのまま外へ押し出されるため，空気圧によって押し戻されることはない。肺活量計を使ってこれを測ろうとする技師は患者が吸い込んだすべての空気を吐き切るまで，「息を吐いて，強く吐いて，吐き続けて！」と患者を励ますように訓練される。吐き出した空気の総量は努力性肺活量 (FVC) と呼ばれる [1]。それは 3〜5 L の間の値をとり，性別，年齢，身長による差異がある。男性は女性よりも，また身長の高い人は低い人より FVC の値が高い傾向がある。さらに年齢を重ねるにつれて，FVC の値は低くなる。性別，年齢，身長ほどではないが，FVC の値に影響をもたらすとみられる他の要因もある。民族的背景，日常の運動習慣，体脂肪，さらには語学力といったものがその中には含まれる。私がかつて携ったある研究では，英語の能力の低い患者が，技師の「吐き続けて」という言葉を吐くのを止める指示と誤解したことがあった。

　患者の COPD を測るのに医師はどのように FVC を用いるのだろうか。その患者と似た「正常な」誰かと比較するのである。だが，どうやって「正常」を決めるのだろうか？

　何が「正常」かを決める一つの方法は，肺の病気にかかっていないたくさんのボランティアを集め，その人たちの FVC を測定することである。健康な成人と思われる一定の値の幅が存在する。0.5 L である人とか 20 L である人を見つけることなどは想像できない。数千の人々から測定された FVC は，以下のようにモデル化できる。

$$観測された FVC ＝ 成人の平均 FVC ＋ 誤差 \tag{4.1}$$

成人の平均 FVC を推定するために観測したすべての人の平均値を用い，個々の観測値との差を誤差とする。正規分布を仮定して，母集団の 95％をカバーする値を求め，それを「正常範囲」と呼ぶことにする。例えば，患者の血液化学検査を行うときには，このようにして正常範囲を求める。腎臓病のマーカーの一つに血清尿素窒素 (BUN) があり，その正常範囲は 7〜20 mg/dL で

ある†。それゆえ腎臓病患者の治療をしている医師は患者の BUN の値を正常範囲に下げようとする。

しかし，COPD に対して同じことをしようとすると，「正常範囲」は広すぎるのである。身長 6 フィート〔約 183 cm〕の青年男子で COPD 初期の患者は 2 L 以上息を吐き出すことができるが，COPD でない 5 フィート 2 インチ〔約 157 cm〕の 65 歳の女性も同じ FVC の値をとる。

より複雑な以下のモデルを用いる必要がある。

$$\text{FVC の観測値} = \text{成人全平均} + \text{年齢効果} + \text{身長効果} + \text{誤差} \qquad (4.2)$$

そして，男女別々にこのモデルを用いねばならない。

いま，部屋の隅にいると考えよう。一つの壁に沿って走り，年齢に相当するところに印をつけよう。（もとに戻って）別の壁に沿って走り，身長の値に相当するところに印をつけよう。健康なボランティアのデータを用いて，彼らの年齢と身長が床の上で交差する場所に印をつけよう。彼の FVC を表すようにその印から垂直に高さを測り，小さな青いライトを点けよう。別のボランティアのところも，年齢，身長，FVC に応じた位置に，その小さな青いライトを点ける。これをすべての男性について行うと部屋にはいまや小さな青いライトが散らばって光っている（図 4.1 を見よ）。年齢を表す壁に沿っていくとライトの光は下方に向かっていること，身長を表す壁に沿っていくとライトの光は上方に向かっていることがわかる。この青い光の集まりを固定させるために，平均年齢，平均身長，平均 FVC を計算し，それを表す点に赤いライトを点ける。

さて，この部屋に大きな平らな板を運び込もう。平均値を示す赤いライトを中心に，青いライトの多くが板からそれほど離れないようにその板を回転させる（誤差をできる限り小さくするようにこの回転を行うには，ベクトル解析や行列理論を含む複雑な数学手法が必要となる）。

この方法を男女別々に行う。

板の当てはまりがあまり良くない FVC の値でも，板の上の予測値に極めて近い。実際，我々は FVC とその予測値との差ができる限り小さくなるよ

---

† 訳注：原著では 7～20 mg/L と誤記している

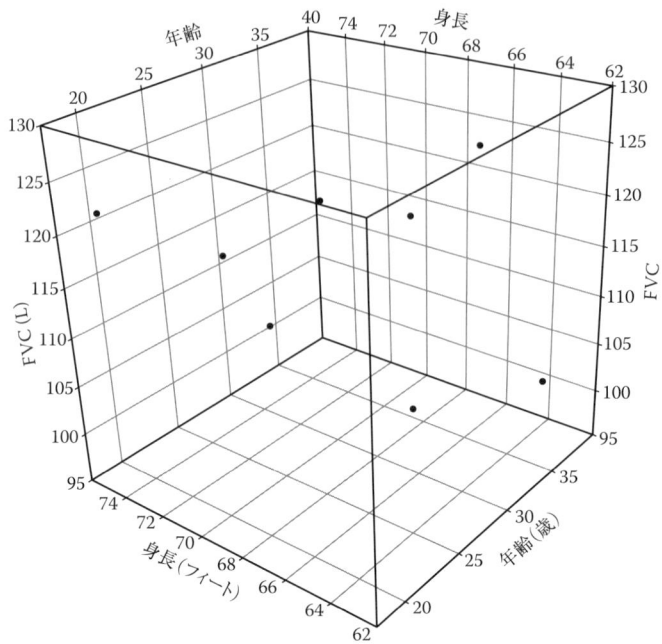

図 4.1 ボランティアの身長と年齢に対する FVC の測定値を示した 3 次元プロット

うにデータを用いている。この板を用いて，患者が「正常」であるときの FVC の値を予測することができる。患者の COPD の尺度は，

$$100 \times \frac{\text{患者の FVC の観測値}}{\text{FVC の予測値}} = \text{正常である度合}$$

となる。我々のモデルが示さないことに触れておこう。モデルが何を意味しようと，身長と年齢が FVC の「原因である」とはいっていないのである。モデルが示すのは，身長と年齢からどのように FVC の最良の予測値を得るかということのみである。予測値より低い FVC 値の患者が COPD を罹患しているかどうかは教えてくれない。モデルが教えてくれるのは COPD の正しい診断の後，患者の症状がどの程度深刻（進んでいる）かということだけである。ある統計モデルで説明要素を同定することと，本書における他の統計モデルを使って何かが結果の「原因」である因果関係を示すこととを混同してしまうことがある。この「因果」と統計的相関の混同は第 7 章で述べるが，相関が統計モデルの特定の何かであるのに対し，「原因と結果」は不適切

に定義された概念であるという事実から混同された例の多くをそこで見ていくことにしよう。

　FVC と身長および年齢との間の関係を推定するために平らな板を使うことは，「多重線形回帰モデル」と呼ばれる。というのも，その平らな板を表記する数学的定式化は幾何学において直線を示す数式に基づくモデルのクラスに属している。もし，身長と年齢から FVC を推定するために我々がボランティアの身長，体重の範囲内で多重線形回帰モデルを用いるのであれば，その予測値はより複雑なモデルによる予測値ととても近い値をとるであろう。このことによって多重線形回帰モデルは科学のすべての分野で用いられているのである。

　普通の会話では，考えたことを数式に翻訳する際に注意を払う必要はない。そのような会話ではときとして（科学用語を使える）誰かが「この問題は非線形である」といっているのを聞くかもしれない。その人が本当に言いたいことは，問題が複雑だということである。しかし，線形モデルと非線形モデルとの違いは単純と複雑の違いと同じではない。後の章でいかにデータの特性によって特定の非線形モデルを用いる必要が出てくるかを見ることにしよう。

　最後に（線形または非線形の）統計モデルの使用について一つ注意しておく。推定したモデルは観測されたデータの構造を表している。このモデルを観測されたデータの範囲からかなり離れた値にまで拡張することは賢いとはいえない。数千の健康な人々から得られた FVC の観測値から，似たような人の正常な FVC の値を予測することはできる。だが，95 歳の身長が 7 フィート 3 インチ〔約 2m21cm〕の元バスケットボール選手の「正常」な FVC などは，そのような人間がボランティアの中に何人かいない限り予測できない。

まとめ

　患者から得られた測定値を評価するために医師は測定値のどの値が「正常である」かを知る必要がある。多くの場合（例えば血液化学検査），健康な人の平均値を求め，健康な人の 95% が含まれる値である「正常範囲」を決めるために正規分布を用いる。より複雑な状況では，観測値に影響を与える患者の状態を考慮に入れたより複雑なモデルを用いる。

　努力性肺活量 (FVC) の例では，COPD の測定値を用いる。COPD の「正

常値」は患者の性別，年齢，身長の関数であり，他の要因はそれほど重要ではない。その統計モデルは，

$$観測値 = 性別全平均 + 年齢要因 + 身長要因 + 誤差$$

である。これは多重線形回帰モデルであり，3 次元空間における大きい平らな板として考えることができる。そのような多重線形回帰モデルは科学研究で広く用いられている。

さらに数学的に理解したい人のために

本章で紹介した多重線形回帰モデルは，

$$y = \beta_0 + \beta_1 x_1 + \beta_2 x_2 + 誤差 \tag{4.3}$$

で表現することができる。式 (4.3) を見て，そのように書かれる理由を考えてみよう。科学において代数式を用いる背景にある基本的な考え方は，問いに対する答えを見つけるために代数の規則（および論理）を用いるというものである。本章についていうと，上の式の記号は，

$$y = \text{FVC}, \quad x_1 = 年齢, \quad x_2 = 身長$$

を表している。代数式の操作においては，これらの記号が何を表しているのか常に立ち戻って把握できることを知っている。だが，何が起こるかを知ろうと単に代数式を操作しているときには，記号の意味など忘れてしまうのである。

参考文献

[1] National Tuberculosis Association. (1966) *Chronic Obstructive Pulmonary Disease, Manual for Physicians.* National Tuberculosis Association, Portland, OR, p. 31.

第5章

多重線形回帰モデルの他の使い方

1977 年に米国連邦最高裁判所は，段ボール箱・波形板紙の製造会社に対する反トラスト事件において政府を支持する判決を下した。政府の主張は，段ボール箱や波形板紙を製造しているミード社他数社が，製品価格を固定するために取引を制限する共同謀議に参加したというものであった[†]。価格協定の有罪判決を受けた会社は，この不正行為の被害者に対する賠償として 3 億ドルの支払いを命じられた。この金額は法律で認められている三倍賠償[‡]に当たる [1]。

だが，「三倍賠償」とは何を意味するのだろうか。板紙の購買者はどのくらい損失を被ったのだろうか。仮に公平な競争状態にあったときに支払ったとされる額と共謀があった期間（1963〜1975 年）に支払った額の差はいくらであったのだろうか。段ボール箱の価格は原材料コスト，前月の価格，生産コストの変化，需要水準の一般的な平均によって毎月変動する。悪天候や輪

[†] 訳注：原著では Container Corporation of America に対する裁判と記されているが，参考文献 [1] の記述および *In Re Corrugated Container Antitrust Litigation*, 556 F. Supp. 1117 (S.D. Tex. 1982) の判決文から，筆者の誤解であると思われる。この事件では数社が訴えられていたが，ミード (Mead) 社以外は和解している。

[‡] 訳注：反トラスト法によって損害を受けた者が損害の 3 倍額と訴訟費用を請求できるという制度。

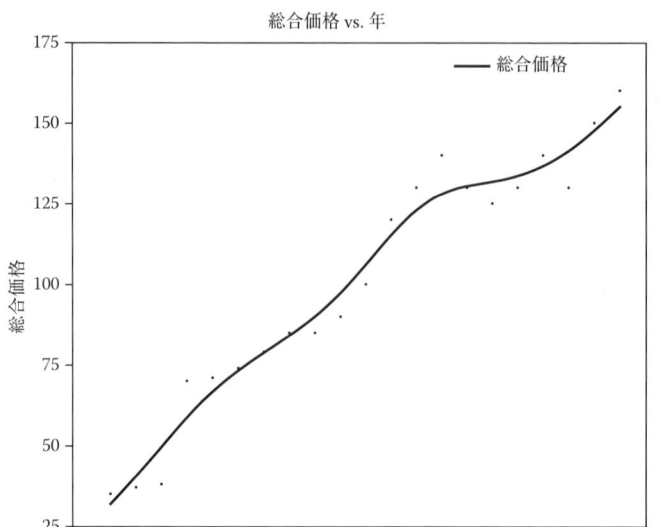

図 5.1　1964〜1985 年までの板紙の年平均総合価格。1964〜1975 年までの価格協定の
共謀による影響は存在するだろうか？

送コスト，生産不足か生産過剰か，によっても小さな影響はある。

　図 5.1 は 1964〜1985 年[†]における板紙の総合価格の年平均値を示したもの
である。共謀があった期間を通して価格は一貫して上昇しているが，おそら
く競争状態に戻ったと思われる 1975 年以降も同じ率で価格上昇が続いてい
るように見える。グラフを見た限りでは，共謀が価格に影響を与えたという
明らかな兆候は見られない。しかし，共謀の影響を明らかにすることができ
る統計モデルが存在する。

　多重線形回帰では，

$$観測値 = 真値 + 誤差$$

という式を修正し，「真値」を複数の変数の関数として定義することで

$$観測値 = (多重線形モデル) + 誤差$$

となることを思い出そう。上式の多重線形モデルには，観測値の大きさに

[†] 訳注：原著では 1963〜1985 年と記されている。

影響を与えると思われる特徴となる部分が含まれている。

　段ボール箱反トラスト事件において，損害額を求めるために用いた一つの手法は，月次の総合価格を製品の公正な価格に影響を与えると予想される要因に回帰する多重回帰モデルであった。

当該月の商品価格 ＝（当該月の全平均）
　　　　　　　　　　＋（前月の製品価格）
　　　　　　　　　　＋（当該月の生産コストの変化）
　　　　　　　　　　＋（当該月におけるその製品を使用する産業の産出量）
　　　　　　　　　　＋（当該月の卸売物価指数）
　　　　　　　　　　＋（当該月の段ボール箱産業の生産能力）
　　　　　　　　　　＋（共謀の存在を表す「ダミー変数」）
　　　　　　　　　　＋誤差

これは計量経済モデルの一例である。このモデルの第2項（前月の価格）と第3項（生産コストの変化）はその時点における当該産業の一般的な状態を表す変数である。次の2つの項（その製品を使用する産業の産出量）と（卸売物価指数）は，その時点の製品需要を示すものである。第6項（段ボール箱産業の生産能力）はその時点の供給を示すものである。

　経済理論によると，自由市場の商品価格は需要が増えれば上昇し，供給が増えれば下落する。しかし，モノの価格を表すのに，需要と供給だけでは十分ではない。商品が売れることに内在する特性も存在するのである。最初の3つの項は，商品が売れることに内在する特性を表している。4つ目と5つ目の項は需要を表し，6つ目の項は供給を表している。

　連邦最高裁が認定したように，共謀が存在した期間において，板紙市場は自由で開放された市場ではなかった。商品価格は共謀によって歪められていたのである。それゆえ，このモデルには共謀のあった期間（1963〜1975年）には1を他の年には0を値としてとる変数を7つ目の項として追加して入れたのである。これは**ダミー変数**であり，統計モデルでは広く使われている変数項である。調べようとするプロセスにおいて，何らかの介入の影響の有無を知りたいと思うことはよくある。このダミー変数によって推定された影響は，共謀のあった期間に顧客が7.8%過大請求されていたというもので

あった。

結果と相関する変数がたくさんあったとしても，ある一時点の介入の影響を求めたいという状況において，ダミー変数は用いられる。他の例を見ることにしよう。

自動車の排気ガスについての新たな厳格な汚染規制の効果を査定するために，1958年から1975年までのカリフォルニア州ロサンゼルスの大気汚染水準が分析された。社会学においては，ダミー変数は何らかの撹乱要因が効果を持つかどうかを認定するために用いられる。例えば，日本人女性の教育水準と結婚年齢の関係を調べたある研究 [4] では，教育水準の違いを表すのにダミー変数が用いられた。

ダミー変数は疫学においても用いられる。チェルノブイリ原発事故がヨーロッパにおける白血病の発生にどのような影響をもたらしたかについての分析例が挙げられる。人口統計学においても用いられ，普仏戦争におけるパリ包囲がパリ市人口の安定成長に与えた影響の分析の例が挙げられる。

ダミー変数の使用は，線形モデルが，結果と相関があると考えられる測定可能な入力（変数）だけを扱わなくてもよいことを示している。線形モデルは「複雑さ」の反対を意味するものではない。多重回帰モデルを用いるときには，かなり洗練したものにすることもできる。

フィッシャーが（ロンドンの北にある）ロザムステッド農業試験場に着任したのは1920年であった。彼は異なる種類の人工肥料が使用された異なる圃場から収集された90年分のデータに直面していた。彼は，これらのデータから最も効果のある肥料の組み合わせを見つけることができたのだろうか。そのデータで彼が最初に行った検討から，小麦の収穫量に影響を与える因子として，肥料の種類の違いよりも降水量がより重要であることがわかったのである。この問題を解くためにフィッシャーは多重線形回帰モデルを考案したのである。しかし，収穫量と降水量との関係は単純なものではなかった。彼は降水量とその2乗，3乗した変数を用いなければならないことに気づいた。さらに，任意に変更した肥料の種類と量のパターンを記述するためにダミー変数を導入しなければならなかったのである。多重線形回帰モデルの利用者は，上昇後横ばいになる値を持つ変数や，計り知れない特異点を持つ変数などを説明変数に加えるなど [2]，フィッシャーが行ったことよりもより複

雑なモデルを扱ってきている。

　実際のところ（一つの大きな例外を除いて），多重線形回帰モデルに用いることのできる変数の種類についての制限はない。もし，ある影響する因子の極端な値の効果を求めるならば，ある閾値を超えない限り0とし，閾値を超えたらその因子変数の値をとるという変数を用いることもできる。この例は，動物の発がん性物質であるアフラトキシンの拡散の検証に見られる。アフラトキシンは穀物が貯蔵されているところで自然発生する菌類によって生成される。5 ppb (= 0.005 ppm) 程度の低い水準でその存在を検出できることから，小麦，パン，トウモロコシ，トウモロコシ製品，オート麦，ライ麦製品からアフラトキシンを見つけることができる。動物実験では，非常に高い用量のアフラトキシンにより肝臓がんが引き起こされ，この用量に近い水準のアフラトキシンは，アフリカ土着のビールに検出されることがある。

　肝臓がんの発生とアフリカやタイの現地の食品に含まれるアフラトキシンの曝露との関係を示すために，これらの研究において，10 ppm 程度のアフラトキシンまで0の値をとるダミー変数が用いられた。その結果，アフラトキシンの人間のがんに対する影響は明らかにはならなかったが，感染症や外傷による早死傾向にあり，肝臓がんに罹患するほど十分に長生きできる人々はさほど多くないことがわかった[†]（参考文献 [3] 参照）。

　多重線形回帰モデルに用いる変数は何でもよいという意見に対して，一つの例外がある。もし，回帰式における変数が統計的誤差を含んで観測されていたとすれば，標準的な統計解析ソフトで多重回帰モデルを推定するのに用いられるアルゴリズムは最善のものではない。「説明」変数にランダムな誤差が含まれている場合には，多重線形回帰モデルのパラメータの（不偏）分散が小さい推定値を得るために異なる計算方法が必要となる。

まとめ

　多重回帰の一つの例として，1960 年代における段ボール箱価格の人為的上昇のための価格協定（共謀）に伴う損害を推定するために多重線形回帰モデルが使われた訴訟事件を示した。その回帰式では，共謀の影響を検出するた

[†] 訳注：この主張の論拠は不明である。

めにダミー変数が用いられた。ダミー変数は，調べたい事象が生じたときに
1の値，それ以外のときに0の値をとるものである。ダミー変数が用いられ
た多重線形回帰モデルの他の例は，疫学，社会学，環境研究で見つけること
ができる。

参考文献

[1] Finkelstein, M.O., and Levenbach, H. (1986) Regression estimates of damages in price-fixing cases, in DeGroot, M.H., Fienberg, S.E. and Kadane, J.B. (eds) *Statistics and the Law*. New York, NY: John Wiley & Sons, pp. 79–106.

[2] Fisher, R.A. (1924) The influence of rainfall on the yield of wheat at Rothamsted, *Phil. Trans. B.*, **213**, 89–142.

[3] Gibb, H., Devleesschauwer, G., Bolger, P.M., Wu, F., Ezendam, J., Cliff, J., Zeilmaker, M., et al. (2015) World Health Organization estimates of the global and regional disease burden of four foodborn chemical toxins, 2010: A data synthesis, *F1000Res.*, 4, 1303.

[4] http://academicworks.cuny.edu/cgi/viewcontent.cgi?article=1007& context=gc_econ_wp (last modified Jan 2015).〔訳注：該当する文献は次のものである。Edwards, L.N., Hasebe, T., Sakai, T. (2015) Education and Marriage Decisions of Japanese Women and the Role of the Equal Employment Opportunity Act, *Working Papers*, 7, City University of New York Graduate Center, Ph.D. Program in Economics.〕

第 6 章

多重線形回帰モデルが適当でない場合

ここまで，我々は以下の形の統計モデルを見てきた。

$$観測値 = （多重線形回帰モデル） + 誤差$$

そして，紹介してきた各々の例では，誤差の確率分布が正規分布に従うという暗黙の仮定を置いてきた。だが，中心極限予想を使用する背後にある仮定が成り立たない場合や誤差の記述に他の確率分布を使用しなくてはならない場合もある。そうした中には，かなり複雑なものがあったり，現代のコンピュータ上で走る洗練されたプログラムを用いて簡単に解明できるものもある。

1948 年に米国国立衛生研究所は，心臓疾患の予測因子を発見することを目的とした一つの研究に支援を始めた。その研究はマサチューセッツ州フラミンガム町の 5,209 人の成人を対象としたものである。被験者は一連の臨床検査を含む精密検査を受け，生活様式に関する質問票への記入を求められた。彼らは 5 年おきに身体検査を受け，死亡した被験者がいるかどうかを確認するために死亡届が調べられた。この研究は継続中であり，現在は元々の被験者の子や孫に引き継がれている [1]。

5 年後，その研究において心臓発作に罹患した十分な数の対象者が得られたので，統計家は心臓発作の潜在的予測因子を調べることができるようになった。彼らは，生活様式，遺伝，健康状態と心臓発作になる確率との関係を調べたかったが，単純な理由から多重線形回帰モデルを用いることができなかった。

統計家は 0 から 1 までの数で表される確率を推定したかったが，多重線形回帰直線は容易に 1 よりも大きいか，0 より小さい確率の「予測値」をもたらしてしまう。しかしながら，もし，対数オッズを調べたならば，このようなことは起こらない。**対数オッズ**とは何だろうか？ 対数オッズ，または ロジットは，p を確率としたときに

$$\log_e \left(\frac{p}{1-p} \right) \tag{6.1}$$

と定義されるものである。

これは非常に簡潔な表現法の一つである。数式を扱うのに慣れていない人のために，分解してみよう。事象の起きる確率から始めることにしよう。初めは確率の値がわからないので，p という文字で表すことにする。p は確率であるから，p が 0 よりも小さいか，1 よりも大きくなる回帰式を作りたくはない。p の代わりにオッズを用いるならば，p は 1 より小さいままにできる。**オッズ**は $p/(1-p)$ として定義される。オッズは（$p=0$ のとき）0 から（$p=1$ のとき）無限大までの値をとる。もし，オッズ $p/(1-p)$ を用いるならば，回帰式の推定値が大きくなりすぎることを心配する必要はないが，0 より小さくならないようにしなくてはならない。次のステップとして，オッズの対数をとる。すなわち

$$\log_e \left(\frac{p}{1-p} \right)$$

である。対数が以下のように定義されることを思い出そう。

$$もし \ y = e^x \ ならば，\ x = \log_e(y)$$

対数をとることで，関数の値をふさわしい範囲に抑えることに対応できる。なぜなら 0 の対数値は負の無限大となるからである。ポアソン分布からオイ

ラーの e が持ち込まれたのである。私のように数学を好む人々にとって，このテーマの魅力の一つは，何か新しいことをする度に，研究の新たな分野に通じる扉を開くことである。

フラミンガム研究の統計家たちは，単にロジットで留まることができなかった。彼らの第 2 の問題は，各々の被験者の測定値に関するものであった。それは，体重とか血中尿素窒素のようなものではない。それは被験者の心臓発作の有無によって 1 か 0 の値をとるものである。統計家たちは，心臓発作の発症者と非発症者の人数を見ることで，心臓発作の発生確率を求めようと試みたのである。無意味な確率が得られるのを防ぐために，彼らは以下の基本的な統計モデルを用いた。

$$\mathrm{Logit}(p) = \beta_0 + \beta_1 x_1 + \beta_2 x_2 + \beta_3 x_3 + \cdots + \beta_k x_k + 誤差 \qquad (6.2)$$

各 x の値 $(x_1, x_2, x_3, x_4, \ldots, x_k)$ は基準となる被験者の観測値である。これらには BMI，喫煙者を表すダミー変数，収縮時血圧，空腹時血糖値などが含まれている。基準となる変数の中で，新たに入ったものに，血中総コレステロールなどがある。パラメータ $(\beta_0, \beta_1, \beta_2, \beta_3, \ldots, \beta_k)$ は未知であり，観測データから推定するしかない。

観測対象となる個体が心臓発作を発症するか否かの確率は，これらすべてのパラメータを含む複雑でゴチャゴチャした代数式で書き表すことができる。各被験者に対して，観測値として 0 か 1 を代入し，尤度を用いて推定するのである。紙と鉛筆そして卓上計算機のみを用いて，そのような尤度を最大化するパラメータの値を求めることは極めて難しい。しかしながら，最初の 5 年分のデータが利用可能になった 1954 年に，デジタルコンピュータが登場したのである。現代のコンピュータの洗練されたプログラム，圧倒的な速度と記憶容量は，当時はまだ実現されていなかったので，パラメータの最尤推定量を求めるために，初期のコンピュータを用いることは相当な努力を必要としたのである。

フラミンガム研究において，40 歳以上の被験者に限定して最初の 5 年分のデータをこの回帰モデル（ロジスティック回帰）で分析した結果，心臓発作の有無に対して最も影響のある要因は，性別（男性か女性か）であった。2番目に重要な要因は，被験者の父親が心臓発作を発症したことがあるか否か

であり，3番目は被験者が喫煙者であるか否か，4番目は被験者が背の高い
やせ型か背の低いずんぐり型か，5番目はコントロール不良高血圧の患者で
あるか否かであった。この研究が組織されたときに，血液化学検査にコレス
テロールと呼ばれる新たに発見された項目を含めるように誰かが提案したの
であろう。高コレステロールも弱い影響ではあるが予測要因の一つであるこ
とが判明したのである。

　フラミンガム研究は医学コミュニティにロジスティック回帰を導入したの
である。このデータ分析の方法は医学において有用であることが証明された
ので，主要な医学雑誌の多くの号で，ロジスティック回帰を用いた論文が少
なくとも一つは掲載されるようになったのである。

　観測値の関数に基づいた線形モデルの一つに，社会学で広く用いられてい
る対数線形モデルがある。ある事象（例えば収監）の頻度を，性別，社会経
済階層，宗教といった異なる属性によって，データを表の形に整理したとし
よう。対数線形モデルは，確率の対数がその表におけるカテゴリーの線形多
変量関数として表現されるものである。対数線形モデルはカテゴリーデータ
の分析を扱う講義の一部で教えられることが多いが，社会学においては重要
なので，主要な大学の社会学科の多くでは，対数線形モデルの使い方を扱う
授業を別に設けている。

まとめ

　すべての問題が多重線形回帰モデルで解決するわけではない。最も関心の
ある変数 y の「予測」値が，y のとりうる値の範囲を超える可能性があると
きには，誤差に対するある種の確率関数についての多重線形モデルを構築す
ることが有用である。この一つの例として，ロジット ($\log_e(p/[1-p])$) や対
数線形モデルがある。

参考文献

[1] http://www.ncbi.nlm.nih.gov/pmc/articles/PMC1449227/ (last modi-
　　fied Apr 2005).

第7章

相関 vs. 因果

第2章では,

$$観測値 = 真値 + 誤差$$

という統計学の基本的な考え方を紹介した。鋭い読者は,ここで,回帰式では「真値」が同じ時点と場所で収集された他の観測値で表される数式に置き換わったことに気が付いたかもしれない。男性の努力性肺活量 (FVC) についての予測式

$$予測 FVC = 2.49 + 0.043 \times 身長 + 0.029 \times 年齢$$

を考えてみよう。この式は,患者の「正常な」FVC を予測するのに使われるが,一体この式は何を意味しているのであろうか。FVC が身長と年齢が原因となってもたらされるのであろうか。もしそうでなければ,なぜ FVC が身長と年齢によって変化するのであろうか。

ハーバード看護師研究は,1976 年に始まった 121,700 人の女性看護師の追

跡調査研究であり，1989 年からは 116,000 人の第二次コーホート調査†が行
われた。この調査の開始時点で，まず各被験者は生活様式に関する調査票に
回答する。そして第一のグループの年齢が 50 代になったときに，この研究
の分析者は高血圧を伴う生活様式の特徴を調べるのである。第 6 章で紹介し
たロジスティック回帰を使う出番がやってきたのである。

　高血圧を予測する基本要因の一つは，女性看護師が日常的に日焼け止めを
使用しているか否かである。日焼け止めを日常的に使用していると答えた看
護師は，高血圧の発症がより少なかったのである。日焼け止めだって？　日
焼け止めは，皮膚に吸収されない軟膏であって，皮膚の細胞に紫外線が到達
するのを遮るものである。日焼け止めが高血圧を防止するのであろうか？
もしそうなら，その薬理学的メカニズムは何であろうか。

　日焼け止めの使用と後年の高血圧の罹患は相関しているが，それは日焼け
止めの使用によって高血圧を予防できるのではなく，日常的に日焼け止めを
使用している女性看護師が，より健康に注意を払っており，塩分を減らす食
生活や定期的な運動を行うことを心がける傾向にあるからである，と研究の
実施責任者は説明している。これらの生活習慣が高血圧を防止することに役
立っているのである。

　このような，見せかけの相関が医学，社会学，心理学，疫学の文献の中に
見られる。1900〜1914 年にかけて，英国における 1 年間の離婚件数と自動
車登録件数の間に高い相関が見られた。しかし，離婚は人々の外出や自動車
購入の原因ではなかったし，自動車の購入は夫婦が離婚する原因でもなかっ
た。どちらも，富の増大と都市化の進展によって変化する関数であった。同
様の説明が，第二次世界大戦後の英国ウェールズ地域における年間男性自殺
者数と自動車登録件数の高い相関についても成り立つ。ウェールズ地域は，
第二次世界大戦後急速な都市化が進んだし，都市化が若い男性の自殺の増加
をもたらすという見方が定着してきている。アメリカ合衆国への移民や 20
世紀に新しく開発されたアフリカの都市では同じような例が見られる。

---

† 訳注：コーホート調査（研究）は，分析疫学で用いられる調査方法の一つであり，対象
となる集団を，疾病の原因となる要因の有無で分類し，それぞれの集団を一定期間（数
年〜数十年）追跡して調査することで要因による結果の差異を分析するものである。疫
学以外の分野における同様な追跡調査もコーホート調査と呼ぶこともある。

表 **7.1** 1962 年に公刊された社会学研究におけるナバホ女性の身長と体重の関係

体重 (kg)	身長 (cm)
19.0	113.6
21.2	119.0
23.1	123.9
25.6	129.9
28.3	134.9
31.3	140.2
34.6	143.9
39.0	150.3
43.6	153.1
47.7	155.3
51.1	156.3
52.3	157.4
54.0	157.5
平均値：**36.2**	平均値：**141.2**

　タバコの煙が肺がんの原因であることを示唆するエビデンスが出始めたときに，タバコ協会（1958 年にタバコ会社によって設立され 1988 年に解散した「研究」機関）は新聞に全面広告を掲載した。その広告では，タバコとがんの関係は統計上の相関関係に過ぎず，タバコががんを引き起こす原因の証明にはなっていないことを指摘したのである。

　原因と結果に関わる問題をとりあえず脇に置いて，統計上の相関関係の性質について検討することにしよう。

　表 7.1 と図 7.1 は，1962 年における米国ナバホ保護区に居住する 13 人の女性の身長と体重の関係を表したものである。この二つの測定値は明らかに関係している。もし，体重について何も知らなければ，この集団の平均身長の「良い」推定値は，13 人の女性の平均値である 141.2 cm である。ただ，その平均値を中心としてかなりの散らばりがあり，背の最も低い女性は 114 cm であるのに対し，最も高い女性は 157 cm である。

　よく用いられる散らばりの統計的尺度は，標本分散であり，242.4 cm^2 である。だが，女性の体重がわかっているのであれば，身長に対して何らかの情報を与えることができる。このデータについて，身長と体重の相関は 0.963 である。これだけでは，多くのことはわからないが，もし y を身長，x を体重

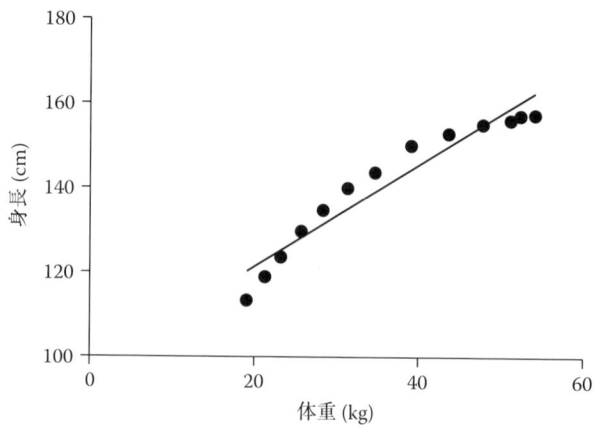

図 7.1 1962 年に計測された 13 人のナバホ女性の身長と体重

とする線形回帰式を当てはめたのであれば（図 7.1），その回帰式についての分散はもっと小さくなる。実際，通常 R^2 として表される相関の 2 乗によって分散は小さくなる。線形回帰式を用いれば，分散の 92.7% を「説明」できることになるのである。

　回帰式を用いて，変数 x の値がわかれば y の分散を小さくできるという考え方は，多重回帰に対しても当てはまる。もし，あなたが標準的な統計解析ソフトを使って多重回帰を推定したならば，その回帰式全体の R^2 の値が出力されるであろう。科学分野が異なれば，許容可能となる R^2 の値の基準も異なる。化学や物理学においては，提案された回帰式は分散の 90% 以上を説明できるときに限って有用であるものと考えられている。生物学や医学においては，分散の 30～40% を説明できれば，定評のある学術雑誌に論文として掲載することができる。人間行動を扱う分野である社会学や心理学では，分散の 20% の説明で許容されている論文を見たことがある。

　変数 y の分散を小さくできたとしても，多重回帰モデルによって何が y の「原因」となっているかがわかるわけではないことは，頭の中に留めておこう。回帰モデルを用いてできることは，y の値をより不確実性が少ない形で予測できる，ということである。

　分散が小さくなることを表現するために R^2 を用いることを，回帰式の個々の要素に拡張することができる。数学的には，基準となる変数の一つ以

外を平均値で固定するなら，その変数（例えば1週間当たりの運動量）に伴う分散の減少割合を計算することができる。それゆえ，「原因」を扱ってはいないものの，相関の計算を利用して，部分的ではあれ回帰式の知識が y の値の予測にどの程度役立つのかがわかるのである。

多重回帰式については R^2 を計算できるが，ロジスティック回帰のように変換した変数 y を扱うときには別である。y の観測値にどのくらい良く予測値が当てはまっているかを推定するために，（確率の減少割合のような）他の尺度が提案されている。複数の尺度は統計解析ソフトで利用可能である。

しかし，「原因」とは何であろうか。もし被験者の喫煙習慣の情報があれば，肺がんの発生をより良く予測することができることはわかっている。だが，統計上の相関は喫煙ががんの「原因」であるのだろうか。

この問いに関する問題は　統計上の相関は明確に定義されていることである。数値を得ることのできる数学的計算方法が明確に定義されているので，我々は R^2（より複雑なモデルにおいては R^2 に相当するもの）を計算することができるのである。

しかしながら，「原因と結果」は明確には定義されていないのである。

それはばかげている，と学生に言われたことがある。誰もが「原因と結果」が，何を意味するのかを知っている，と。そこで私は「いいだろう，それではもっと基本的な概念を使って定義してほしい」と頼んだ。原因の同義語を用いないで「原因と結果」を定義できるだろうか——それは無理である。スコットランドの歴史学者・哲学者であるデイヴィッド・ヒューム（David Hume, 図7.2）はこのことを18世紀に発見した。ギリシャの哲学者であるアリストテレスは，原因を知ることなしに何かを理解しえないことを明らかにした。2,000年以上後になって，ヒュームは，それは何の意味があるのか，と問うたのである。

ヒュームは，我々が鉄のような何か特定のモノを定義するように「原因と結果」を定義することはできないと結論付けた。しかし，因果関係の概念として明確ではないが，以下の考えは我々の日常生活の中では，しばしば有用である。ヒュームは，AがBの「原因」であると我々が信じるかどうかは，時間的にAがBに先行するケースを見つけられるかどうかに依存している，という結論に達したのである。もし，肺がんにかかった人が喫煙者であるこ

図 7.2 デイヴィッド・ヒューム (1771–1776)。スコットランドの歴史家・哲学者。「原因と結果」には明確な意味がないことを発見した。(Shutterstock.com 提供)

とがわかれば，暫定的に過ぎないけれども，喫煙が肺がんの原因であるという結論を出すことができる。肺がんにかかっている喫煙者の一人ひとりの例が，この結論を強固にし，肺がんにかかっていない喫煙者や，喫煙者でない肺がん患者の例は，喫煙が肺がんの原因であるという信念を弱めることになる。

　ヒュームの「定義」は，さほど満足できるものではない。ヒュームにとって「原因と結果」は暫定的な提案以上のものではない。相関を定義したやり方に比べると，多少ぐちゃぐちゃした「定義」である。しかし，ヒュームが考えることができた中ではベストのものであった。

　私が知る限り，他の「原因と結果」の定義は 4 つある。

　一つは，素朴な定義である。意図的な力が，ある結果をもたらすことを目的として何らかの活動に関与するときに，「原因と結果」が生じるのである。石器時代の穴居人は，毛に覆われたマンモスの殺害を意図して槍を投げつけ，それによってマンモスを死に至らしめた。町工場が閉鎖されたのは，その会社が潰れることを強く願う銀行家の意図のためであった。樹木を吹き飛ばすことを狙って，風神は洞窟の中に閉じ込めた空気を開放したため，風が吹い

た。オンボロ船に乗って外に出ていた私の兄弟は，雷に打たれた。なぜなら水の神（または唯一の真なる神）がそうすることを望んだからである。大多数の陰謀説はこの基本的概念に基づいている。国や経済に起こるとんでもないことは，政治家や銀行家はたまた外国商人の陰謀によって引き起こされる。しかし，（タバコの）喫煙者が肺がんになるようにさせる意図的な悪意の力はない。それゆえ，この定義は喫煙とがんのケースにおいては有用ではない。

　二つ目の定義は 19 世紀のドイツの細菌学者ロバート・コッホ (Robert Koch, 1843–1910) によるものである。コッホのような科学者が，多くの病気が感染性の細菌によってもたらされることを提案し始めたときに，コッホは疾病の原因が特定の種の細菌であることを証明するために，一連の条件を用いることができると提案した。

　コッホの条件は，以下のときに限って因子 X が疾病 Y の原因であるとするものである。

1. 血液ないし細胞組織から因子 X が培養できるときには，その人は必ず疾病 Y にかかっている。
2. 患者が疾病 Y にかかっているときには必ず，血液ないし細胞組織から因子 X が培養できる。
3. このようにして培養された因子 X を動物に注射したときに，その動物は疾病 Y にかかる。
4. その動物の血液ないし細胞組織から因子 X を培養できる。
5. 培養してできた因子 X を他の動物に注射し，その動物が疾病 Y にかかる。

コッホの条件は，感染性の細菌やウイルスを特定するときには役に立つ。だが，タバコの喫煙が肺がんの原因であるかどうかとか，日焼け止めの不使用が高血圧の原因であるかどうかを決めようとするときには役立たない。

　三つ目の定義は R.A. フィッシャー（図 7.3）によって与えられたものである。彼は現代統計理論の数学的基盤を築いた 20 世紀前半の大天才であった。

　フィッシャーの定義では，原因と結果は計画された実験の枠組みの中でのみ見出すことができるのである。もし，ある処置（A と呼ぼう）が動植物や人々にある効果（B と呼ぼう）を生じさせるかどうかを判定したいと思うの

図 7.3　ロナルド・エイルマー・フィッシャー卿 (Sir Ronald Aylmer Fisher, 1890–1962)。
現代数理統計学の基礎の多くを築いた天才。(パブリック・ドメイン)

であれば，実験単位の群を構築し，実験単位に対して処置 A か処置 A 以外
かをランダムに割り当てるのである。(通常は実験単位における数に関する)
結果を観測し，そして処置 A を与えた実験単位と与えなかった実験単位の平
均の差を計算する。処置に対して実験単位をランダムに割り当てたので，そ
の他の因子に対してもランダムに割り当てられていると同じように考えられ
る。それゆえ，実験結果をとっておき，あえてランダムに処置を再割り当て
して，結果の違いの平均を計算する。これをすべてのランダム割当てについ
て行い，平均の違いを計算する。もし処置 A が何の効果ももたらさないので
あれば，これにより平均の差の確率分布が得られるのである。割り当てられ
た処置の違いが，すべての可能な割当ての中で起こりそうもないことである
ならば，処置 A は結果の違いの原因であることがわかるのである。フィッ
シャーはこのややこしいアプローチを「帰納的推論 (inductive reasoning)」
と呼んだ。フィッシャーの定義はランダム化実験の枠組みの中でのみ利用で
きることに注意しよう。それゆえに，喫煙が肺がんの原因であるかどうかを
判断するのに，フィッシャーの定義を使うことはできなかったのである。

20世紀の初頭において，イタリア，ドイツ，英国を主とする数学者のある
グループは，すべての仮定を明確に定義し，あらゆる結論が「かつ」，「また
は」，「でない」という三つの論理的概念を用いて導き出されるという，しっ
かりとした設定の上に数学論理を置いた。これは記号論理学と呼ばれる。彼
らの中で，「原因と結果」に近い四つ目の「定義」は，実質含意と呼ばれるも
のである。もし，事象 A が起こらないときに，事象 B が起こりえないので
あれば，事象 A は事象 B を含意するのである。したがって，肺がん患者 (B)
に非喫煙者（A でない）を見つけることができれば，実質含意の意味で，喫
煙はがんの原因ではないのである。

　五つ目の「定義」は，記号論理学の発展に関与した数学者の一人である
バートランド・ラッセル (Bertrand Russell, 1872–1970) によるものである。
ラッセルは「原因と結果」を「ばかげた迷信」と呼んだ。

　確率的推論に関する「原因」のもう一つの定義がある。「因果分析」と呼
ばれるものに対する主な支持者は UCLA のジューディア・パール (Judea
Pearl, 1936–) である。因果分析は二つの事象，B の前に A が起きているか
を見る。もし A の存在が，B が起きる確率を上昇させるのであれば，この確
率の増分が因果分析で考察されるのである。因果分析は数学のグラフ理論を
用いるが，グラフ理論の考え方の説明は本書の範囲を超える（参考文献 [1]
を見よ）。

　今後，統計的相関関係だけがあり，因果関係の証明がなされていない，と
言った人がいたら，その人に「『因果』の定義を教えてください」と聞いてほ
しい。その人が怒り心頭となる様子を，一歩下がって見てみよう。

まとめ

　ある変数が他の変数から予測できる程度は，それらの変数間の相関として
計算することができる。相関の 2 乗 (R^2) は，ある変数の分散が他の変数の
知識によって「説明」できる割合に等しい。

　分散の説明できる割合としての $100 \times R^2$ という概念は多重回帰に拡張さ
れ，それゆえ，ある特定のモデルがデータにどの程度良く当てはまっている
かを計算することができる。多重回帰の特定の要素に対して R^2 を計算する
こともでき，その要素の知識がどの程度良く結果変数を予測できるかがわか

るのである。ロジットのような修正された線形モデルに対して R^2 を直接計算できないが，似たような尺度が修正された各線形モデルについて提案されている。

相関は因果と同等でないとする大きな理由が一つある。相関は数式によってきちんと定義されているが，因果はきちんと定義されてはいない。実際問題として，デイヴィッド・ヒュームは，原因と結果が一般には定義できないことを示した。「原因と結果」の制約された定義として次の5つが考えられる。

1. 意図的な力が効果をもたらすことを意図とする何かを行う，という限定的な定義
2. 細菌性ないしウイルス性感染に対してのみ成立するコッホの定義
3. ランダム化された比較対照実験の枠組みにおいてのみ成立するフィッシャーの定義
4. 記号論理学による実質含意
5. 「原因と結果」はばかげた迷信である，というラッセルの「定義」

参考文献

[1] 因果分析の説明の一つに次がある。http://ftp.cs.ucla.edu/pub/stat_ser/r350.pdf (last modified Sep 2009). 〔訳注：Pearl, P. (2009) Causal inference in statistics: An overview, *Statistics Surveys*, 3, 96–146.〕

第8章

回帰とビッグデータ

　本書の執筆時点で，統計に関する文献で最も広く議論されているトピックの一つは，ビッグデータの扱い方——インターネット上のサーバに蓄積された膨大な量の情報とそのデータから思いもよらない関係をすくい上げる潜在的な可能性である。この問題を

$$観測値 = モデル + 誤差$$

という一般的な統計モデルに合わせる方法について見てみよう。私がファイザー中央研究所で勤務し始めた頃，高血圧治療のために新しいタイプの薬を開発していた。高血圧に有効な最初の薬は 1950 年代に開発されており，それは心拍力をコントロールするために腎臓でつくられるホルモンを阻害することによって作用する。これらは利尿剤と呼ばれ，高血圧患者の 25％ に有効である。我々が研究していた薬は α 遮断薬で，それは動脈の筋肉壁に作用し，血圧が利尿剤に反応しない患者に対して有効であることの証明が期待されていた。

　しかし 1960 年代，米国食品・医薬品法の改正直後に，米国食品・医薬品局 (FDA) は，新薬を市場に出す前に，製薬会社に対して従来よりも多くの

研究の実施を義務付けた。結果として，我々の新薬候補は，二種類以上の動物実験を含む追加の毒性研究を行う必要があった。犬に対する研究で，我々の新薬は，高用量で睾丸委縮と関連することがわかったのである。

これは，犬の代謝に対して固有な何かの現象なのかもしれないが，これが人間に絶対に起きないと言えるのだろうか。FDA の数名の審査官は，薬を投与した男性すべての血中テストステロン（男性ホルモン）の水準を頻繁に測定することを提案した。しかしながら，当時テストステロンの分析はあまり標準化されておらず，我々の会社は，分析の標準的方法を確立するために，初めて大規模で費用の掛かる研究に取り組まねばならなかった。妥協点として，我々の会社と規制当局は，すでに標準的分析として認識されていた，テストステロンの代謝分解物である尿中の 17-ケトステロイドの量に関するデータを収集することで十分であるという合意に至った。

そのようにして，人間に対する研究が始まった。それは，健康なボランティアを対象とする初期研究（第 I 相）から始まり，適切な投薬用量のパターンを開発することを目的とした研究（第 II 相），新薬の有効性と安全性を確立する研究（第 III 相）まで拡大するに伴って，何年にもわたって行われた。これらのどの研究においても睾丸委縮が生じたケースは見られなかった。

その間にも，17-ケトステロイドの測定値は蓄積されていった。すべての研究から得られたデータを作表し，分析する際に，これらの測定結果に向き合わねばならなかった。我々が最初に行おうとしたことは，得られた値と正常範囲を比べることであった。第 4 章を思い出してほしいが，正常範囲は正常な健康男性の測定値の 95%をカバーする値の範囲のことである。

得られた結果は，正常範囲が存在しないということだけであった。テストステロンの代謝分解物の化学構造は分析されていたし，また他のホルモンとの反応は試験管内と生体内の両方で分析されていた。しかし，多数の健康男性のデータをとっても正常範囲を確定できた者はいなかった。

我々の会社の図書館司書は，多数の健康男性の 17-ケトステロイドが測定された例や記述のある科学文献を探した。彼らは，目につきにくい，あまり流通していない雑誌に「17-ケトステロイドの 20,000 測定値 (20,000 Determinations of 17-Ketosteroids)」というタイトルの論文があることを見つけた。相当の努力をして，この論文のコピーを手に入れたのである（こ

れはインターネット時代以前の話であり，いまは大多数の科学論文の中から見つけるのは容易である）。この論文の著者は，1日に3回，20年にわたって彼自身の尿から17-ケトステロイドを測定していたのである。

多重線形回帰分析を行う際に，データには通常 N と p と呼ばれる二つの特性がある。N は観測された統計的に独立な個体の数であり，p は独立な個体が有している要素の数である。これは観測ベクトルの次元と呼ばれることがある。多重線形回帰分析を行うには，推定量の精度の程度を決める以前に，N が p よりもかなり大きい必要がある。もし，この論文の著者が 20,000 人の男性の尿から17-ケトステロイドの測定値を得たのであれば，かなりの精度で正常範囲を求めることができるであろう。しかし，$N = 20,000$ と $p = 1$ の代わりに，この論文では $N = 1$ と $p = 20,000$ なのであった。

これは極端な例である。しかし，多くのビッグデータのファイルは，「大きな p，小さな N」問題に悩まされている。ラップトップコンピュータの前に座ったある人がキーボードのキーを叩くときに，どこか別のところで別のコンピュータがこれらの打鍵の一つひとつと，それに伴う大量の情報が記録・保存されるとしよう。もし，同じ人が別のときに戻ってきてキーボードを叩き，打鍵とそれに伴う情報が記録されたなら，N は1よりも増えるだろうか。それとも N が同じままで p が倍になるのであろうか。ファイルの違いを区別するために情報が必要であろうか。

保存された統計的に独立なデータ群を特定するためにかなりの注意が払われ，また保存された資料があらかじめ決められたカテゴリーに注意深く整理されたとしても，ビッグデータは「少し大きすぎる p，十分に大きいとは言えない N」問題に悩まされるだろう。

しかし，ビッグデータについては何か手を打つべきであろう。フラミンガム研究では，最初の被験者は何年間も追跡され，5年ごとに測定された上に，仕事の習慣，生活様式，食べた食品，かかった病気，社会経済的変数に加えて多くの記録をとられたのである。数十万の女性を調査していたにもかかわらず，ハーバード看護師研究は，それぞれの女性看護師からより多くの情報を蓄積し続けたのである。もし，我々があるコミュニティにおける病気のパターンを特定するために Google 検索を使おうとするならば，検索されるウェブサイトは数十万になるだろう。データを蓄積する際に，p の設定の方

法はあるが，ゴチャゴチャとした情報のどこかに何か有用なものがあると考えられずにはいられない。

「大きな p，小さな N」問題を扱うために，コンピュータの助けを借りたたくさんの統計手法が提案されてきた。ある手法は，p 個の「説明」変数のそれぞれの要素を見て，その予測値を検討し，一番予測力が高いものだけを残す。別の手法は，アルゴリズムに罰則関数を適用することであり，説明変数が多すぎるときに，「良さ」の定義式に罰則を科すことで「良い」説明変数の集合を小さく保つ。さらに別の手法は，p 個の説明変数間の相互関係を見て，p 個の説明変数の値の集合を「良く」「記述する」部分集合の組み合わせを探す。インターネットが大規模なデータファイルを創り始める前には，医療専門家は，比較的少数の患者を調べ，研究期間に複数回それも異なる方法で測定するという状況で研究を実施していた。ジョン・テューキーはそのようなデータファイルを扱うことを何度か経験した。ある統計学の学会で，大多数の医療データは実のところ 5 次元しかないと彼が言うのを聞いたことがある。彼の発言の意味は，すべての情報は，所与の患者の観測値の全体集合から注意深く選んだ 5 変数の関数を見ることで得られる，ということなのである。

「大きな p，小さな N」問題は，現在相当な数の理論研究を生み出している。結局，昔どの研究分野でも起きたように，効果的な数学的手法が登場し，それは「普通の」統計手法の一部となっていくのである。

ビッグデータに関しては数学から論理的に導かれる異なる問題が残っている。x と y の値が完全に当てはまる，すなわち $R^2 = 1.00$ となる（説明）変数集合を見つけることは理論的に可能である。我々が有している観測値は有限個である（N が無限ではない）という事実は，モデル中の（説明）変数の数が増えるにつれて，モデルがあまりにも複雑であるために我々が観測するすべてが完全に「当てはまる」という状況では，説明変数の数が上限である N に単に近づくだけで，R^2 の値は増加する。誤差が同じ確率分布から抽出された別のデータセットは，別の異なる完全な「当てはまり」をもたらすであろう。どの完全な「当てはまり」も将来のデータについて有用な予測値をもたらさない。見せかけの完全な当てはまりによる誤判断を防ぐために，回帰式における説明変数の数に影響される「罰則関数」を用いることで R^2 の値を小さくする。この「罰則関数」を入れることで，「調整済み R^2」として知ら

れているものを得ることができる。多くの統計解析ソフトで，通常「adj.R^2」として表記されるのは，この調整済み R^2 のことである。

ビッグデータを扱うすべての手法は，膨大な数の極めて退屈でつまらなく，うんざりする数学的な段階を経る必要がある。幸運にも，我々には平凡な下僕であるコンピュータがあり，こうした計算を何度も何度も繰り返して行うことなどを気にしないように見える。21 世紀の進歩と新たな聡明な若い統計家が現代のコンピュータの巧妙さをうまく生かすことで，「大きな p，小さな N」問題が，いままで検討されてこなかった方法で扱えるようになることを期待している。

一旦，「大きな p，小さな N」から「中程度の大きさの N，大きいとは言えないが N よりはやや小さい p」に問題が変わると，変数を見てこう言うかもしれない。「なるほど，喫煙は膵臓がんと関連があるよう思えるが，それは（コーヒーではなく）コーラからのカフェイン摂取，社会経済水準，患者の右足の親指が左足の親指より大きいかどうか，患者の 25 歳の誕生日の月の満ち欠けとの関連と同程度だ」と。

ここで見せかけの相関を説明し始める理由は，イタリア人の経済学者カルロ・ボンフェローニ（Carlo Bonferroni, 1892–1960）によって 1936 年に初めて研究された問題に起因する。あなたがたくさんのデータを見たならば，あなたの手元にある予測値がないデータセットからいくつかの特徴的な点を見つけるに違いない。イェール大学の統計学科を創設したフランシス・アンスコム（Francis Anscombe, 1918–2001）は，このような些細だが奇妙な一致のことを「人を惑わすものの意思」と呼んだ。

アンスコムのいう「人を惑わすものの意思」の一つを引き当てることを避けるにはどうすればよいだろうか。ボンフェローニの答えは，変数を選択する基準をとても厳しくすることであり，考慮する変数が多ければ多いほどより厳しくするというものであった。そうした厳格さを求める彼の数式は，「ボンフェローニの境界（不等式）」として知られている。ボンフェローニの基準はとても厳しいので，考慮する変数の数が 20 を超えるときには，変数を選択することはほとんど不可能になる。

ボンフェローニやアンスコムの警告を聞き入れそびれたときに起きることの一つの例は，ドロズニンの『聖書の暗号』[1] である。ドロズニンはモーセ

五書のヘブライ文字をくまなく調べ，3 文字おき，4 文字おき，というように飛ばして文字を選び結合し，結合の組み合わせを一つひとつ検討したのである。最終的に，彼はユダ王国の偉大な王の名前の一つを見つけた。そして，彼は 19 世紀や（執筆時点までの）20 世紀に起きた出来事についての警告を見つけたのである。

彼の手にかかると，モーセ五書のヘブライ文字がモーセの数千年後に起きた多くの出来事を予言したように思えてしまうのである。しかし，それらの出来事はすべてドロズニンが見つける以前に起きてしまったものであって，将来の出来事については予言していないのである。

では，どのようにすれば，アンスコムの「人を惑わすものの意思」に引っかかることを避けられるのであろうか。1920 年代に R.A. フィッシャーが最初に提案して以来，立証済みのある手法が利用でき，ジェローム・コーンフィールド (Jerome Cornfield, 1912–1979) やジョン・テューキーのような優れた統計学者によって繰り返し提案されてきている。

それは，大量のデータの分析を始める前に，ランダムに選んだ小規模なサブ標本を取り出すことである。テューキーはデータの 10%を選ぶことを提案した。フィッシャーはちょうど回帰分析ができる程度の大きさの標本数を提案した。ハーバード看護師研究では，ランダムに選ぶ部分集合として 1,000 人の被験者のコーホートを作成した。そして，この小規模なデータの部分集合について予備解析を行うのである。ステップワイズ回帰を行ってみよう。ボンフェローニの厳格な基準を無視してみよう。データをくまなく調べ，主観的に興味の湧く関係を見つけよう。テューキーはこの解析を「探索的データ解析」と呼んだ。起こりうる関係の中で興味の湧く提案をするために，この解析を用いよう。統計分析プログラムの出力結果に完全に従うのではなく，予備解析によって得られた複数の仮説を採択し，それ以外を棄却するために，分析される状況についてあなたが持っている知識を用いよう。

最終的に，このランダムに選ばれた予備標本によって提案される少数の合理的かつ妥当なモデルを得るのである。その後で，残りのデータ（テューキーの提案では残っている 90%）に戻り，正式な統計分析を行って，これらのモデルのどれが成立するのかを特定するのである。

ビッグデータについては他にも問題がある。どんな大規模データセットに

おいても，整合性の欠如，分類の誤り，データの欠測が必ずある。言い換えれば，誤差，大間違い，もしかするとウソがついて回るのである。どんなデータセットにおいても，各個体の項目についてこれらの問題は生じる。数字がコンピュータのやりとりの外から得られたときでさえ，大量の数字の中にこれらの問題は隠れているのである。残念ながら，データのクリーニングは本書では扱わないことにする。

まとめ

　大規模なデータセットには二つの次元がある。一つはデータを生成している統計的に独立な個体の数に相当する N であり，もう一つはそれぞれの独立な個体から生成される項目の数に相当する p である。伝統的な統計手法では N が p よりもかなり大きいことが要求される。しかし，インターネットの普及によって生成されるビッグデータがある現代において，p が N とほぼ同程度の大きさであるか，p の方が大きい状況がしばしばみられる。

　便利な多重線形回帰を実行するために p の大きさを減らす必要があるため，独立な個体が持つ項目の中から変数 y の観測値を予測するのに有用なものを特定化する手法が開発されてきた。

　回帰分析においては，変数の数が十分にあればデータを完全に「当てはめる」ことが理論的に可能であるので，調整済み R^2（決定係数）を変数を取り除くかどうかの基準とする。これは，計算した R^2 を，回帰式中の変数の数が増えるにつれて，下方に調整するものである。

　どんな大規模なデータセットにも，アンスコムが「人を惑わすものの意思」と呼んだ，そのデータセットに特有ではあるが，予測力がない明らかに強い関係性が存在する。ボンフェローニの境界は，そのような状況に出くわす機会を減らすために，しばしば用いられる。

　人を惑わすものの意思や見せかけの結果をもたらすことを避けるための一つの良い方法は，データセットの小さな部分集合をランダムに抽出し，その部分集合に予備解析を行うことである。残りのデータは，予測力のある変数を特定する正式な統計分析のためにとっておくのである。

さらに数学的に理解したい人のために

ボンフェローニの境界は，下に示すように導出される。

仮説検定は，偶然に起きると考えるよりもマシな結果を得るために用いられる最も信頼のおける手法である。α と呼ばれる小さな確率を決めるが，通常 0.05 に設定される。そして，実験結果を調べるのである。実際には処置の効果に違いがない場合であっても，処置に効果があるという仮説に有利な結果を観測してしまうかもしれない。しかし，仮説検定においては，そのような観測が得られる確率が α よりも小さいときに限って，違いがあると宣告するのである。

ボンフェローニは，そのような意思決定を一つ以上行うときに何が起きるかを疑問に思ったのである。一つの意思決定について，確率5%であれば単なる偶然であると考えるときに，10 個の意思決定を行うとしよう。これら 10 個の意思決定の一つをみるなら，効果がない場合に観測により「効果」が認められない確率は

$$1 - 0.05 = 0.95$$

である。もし，すべての決定が統計的に独立であるならば，10 個すべてに効果が認められない確率は $(1-0.05)^{10}$ になる。10 個すべてに効果がない場合に，効果の有無を 10 個について調べるとしよう。このとき，少なくとも一つについて効果があるという意思決定を行う確率は，

$$1-(1-0.05)^{10} = 1-(1-10\times0.05+45\times0.05^2-120\times0.05^3\cdots+0.05^{10})$$
$$= 10\times0.05-(小さな正数の項)$$

になる。もし，小さな正数の項すべてを無視できるなら，少なくとも一つについて誤った判断を行う確率は 0.50〔50%〕以下になる。検定のいくつかは独立でないかもしれないし，同一か類似の問いであるかもしれない。そのときには，誤った判断を行わない確率は $(1-0.05)^{10}$ よりも小さいかもしれない。この確率を上限として考えなければならないが，もし二つの検定が同一の問いであるならば，二つを一緒に用いることは絶対にすべきではない。

一般に，（第一種の）過誤の水準を α とする意思決定を K 個行うときに，少なくとも一つについて誤った判断を行う確率は $K\alpha$ 以下になる。そして，それゆえ K 個の意思決定を行うならば，効果が偶然に起きる確率が α/K よ

り小さいときに限って効果があると宣告することができるのである。

　このことは，明白であり単純な発見に思える。高校数学の知識があれば，誰でもこのことが証明できる。しかし，1936年当時，数理統計学はちょうど関心の対象になり始めていたところであり，ボンフェローニはこの明白な結果を公刊した最初の人間であった。もし有名になりたいのであれば，学問的関心における新興分野を見つけ，何か明白なことを誰かが行う前に素早く公刊しなさい，という教訓が得られる。

参考文献

[1]　Drosnin, M. (1997) *The Bible Code*, New York, NY: Simon & Schuster.〔邦訳 木原武一訳 (1997) 『聖書の暗号』，東京：新潮社〕

第III部

大間違い

第 9 章

汚染された分布

第二次世界大戦の間（まだレーダーが距離の正確な測定値を提供できるほど十分に発達する前），米国海軍は，船上で光学式距離計を使用していた。それは，端に開口部を持つ約 10 フィート〔約 3 m〕（その長さは船により長くなったり短くなったりする）の棒と鏡からできており，真ん中のレンズを覗くことによって，ターゲットとの距離を二つの像から求めるようになっていた。

初期型の操作法は，観測者が二つの像が重なって見えるまで二つある端の鏡の一方を動かすというものであった。簡単な幾何学を用いると，稼働式の鏡の角度と光学式距離計の棒の長さから，ターゲットとの距離を計算することができるのである。

不幸なことに，その棒はフィートで測られるが，ターゲットとの距離はマイルで測ることから，相対的に棒は短いために鏡を動かすギアのほんのわずかな滑りによって光学式距離計に大きな誤差を引き起こしてしまうのであった。第一次世界大戦時には，ドイツ海軍がより正確な新型を開発した。それまでは光学式距離計の使用者に見えていたものが，ターゲットを（その棒の両端で「二つの目」によって）立体視したものに変わった。1 組の黒いダイ

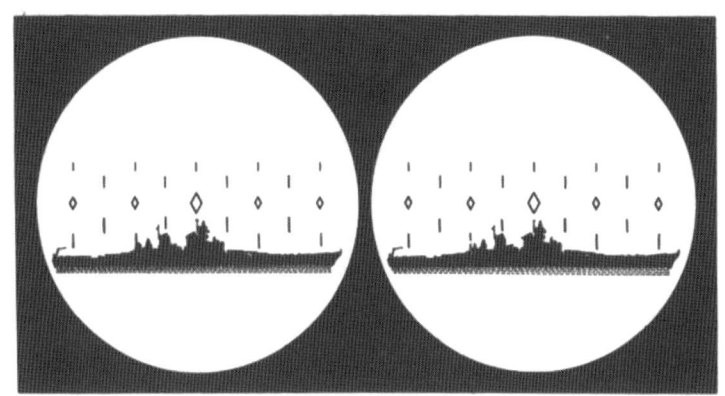

図 9.1 光学式距離計を通して見られるターゲットのステレオ画像。これを立体視するためには，二つの画像の中央を意識して，それぞれの目で交差するように見ればよい。

ヤ模様がターゲットの立体像の上に現れ，一番大きなダイヤが真ん中で，その他のダイヤはターゲットの手前か奥に現れる。この新型の操作法は，ダイヤルを回して，一番大きなダイヤがターゲットの上に見えるようになるまで，棒の一方の端にある鏡の角度を調整することであった。

　これのより洗練されたものが第二次世界大戦の初期に，米国海軍で採用された。その時期の米国海軍砲術マニュアル [1] にある図 9.1 は，それぞれの目で見た像を示している。図 9.2 は，ある光学式距離計の前面図と背面図である。

　その当時統計的モデルが広く使われていたこともあり，このような装置を使うときの誤差を確率分布で把握する必要があった。アメリカ合衆国の，とある海軍造船所の塔に新型光学式距離計が設置され，その塔からの距離がわかっている場所に船が投錨された。たくさんの水兵がそこに連れてこられ，一人ひとりその塔に上がり，ターゲットとなる船との距離を測るために光学式距離計を使った。

　ある下士官が任命され乱数表が与えられた。各水兵が光学式距離計を使って距離を測定すると，その下士官はそれを記録し，乱数表の次の数字をもとに，ダイヤルを回してそのランダムな数字にセットするのである。こうする

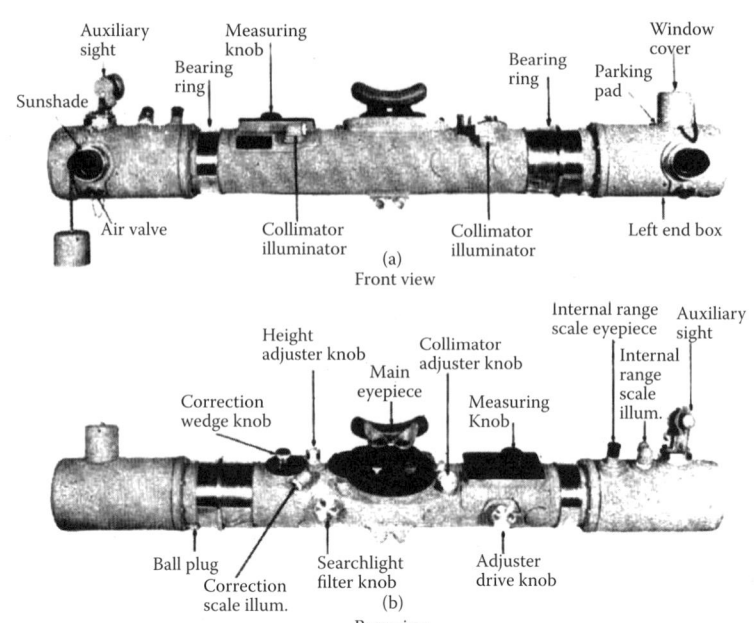

図 9.2 レーダーが開発される前に米国海軍で使われていた Mark 58 光学式距離計

　ことで，各水兵の測距が前の水兵の測定値に影響されないようにしたのである。

　データが解析されると，水兵たちのデータは，ある特定のパターンを持っていた。ほとんどの距離データが，真の距離の周り，あるいはほんの少し離れたところに集中していたのである。しかしながら，測定値の中には，とりうる現実的な値に散らばってはいるが，まるで乱数表から出てきたかのように，測定された距離とは全く関係ないようなものもあった。

　人口の約 5% は不同視弱視もしくは斜視であることが知られている。彼らは両目で完全によく見えているにもかかわらず，頭の中で片方の目からの視覚が抑制されるため，立体視することができないのである。斜視である水兵が光学式距離計のところまで登って，下士官から距離計を覗くように言われ，視界に入った船の上に大きな黒いダイヤを合わせることを想像してみてほしい。

　「上に，ですか？」とその水兵は光学式距離計を覗きながら尋ねた。

表 **9.1**　90% は小さな分散を持つ正規分布で，10% は −10 から 10 の値を均等に持つ一様分布から得られたデータ例

−9.20	−1.40	−0.48	0.16	0.63	1.39
−9.10	−1.38	−0.31	0.16	0.66	1.49
−3.90	−1.35	−0.29	0.18	0.77	1.68
−2.70	−1.34	−0.15	0.20	0.91	1.90
−2.40	−1.33	−0.15	0.23	1.03	2.27
−1.81	−1.19	−0.11	0.29	1.04	3.50
−1.79	−1.13	−0.01	0.38	1.18	5.90
−1.51	−1.01	0.00	0.38	1.25	6.40
−1.50	−0.85	0.06	0.42	1.37	8.30
−1.42	−0.69	0.14	0.46	1.39	9.80

「そうだ」と下士官が言い，「お前は，『上』が何を意味するのか知らないのか？」と言った。

「しかし」と水兵は言い「私にはわかりません」と言った。

下士官は「もう何も言うな，水兵。私は昼飯前に同じことをもう 25 回以上も言ったんだぞ。その船の上に… 大きな… ダイヤを… 置くんだ！！」

そこで，その水兵はダイヤルを回して「できました」と言いながら下がった。

下士官によって記録されたそのデータは，いわゆる「汚染された分布」として知られているものであった。観測された数字は，2 つ以上の異なる分布から生成されたものとなるのである。

（私はアメリカ統計学会の会議で光学式距離計の話を初めて聞いた。この話を検証することができていなかったが，汚染された分布という概念の良い手ほどきとなった。私はこれを学術的な伝説として述べよう。）

表 9.1 は，60 個の乱数を表しており，それらは範囲が (−10, 10) である一様分布から生成されたものが 10% で，90% が標準正規分布から生成されたという，汚染されたデータである。これは，光学式距離計での実験で示されたようなパターンとなっている。ただし，光学式距離計では汚染はたった 5% であった。もし私がたった 5% の汚染で乱数を発生させたとすると，その効果を見ることは難しかったであろう。10% の汚染でさえ，一番大きな数字は 9.80, 8.30, 6.40, 5.90 の 4 個[†]，一番小さな数字は −9.20, −9.10 の 2

[†] 訳注：原書では，9.80, 8.30, 5.90, 5.40 となっているが，明らかな誤りのため修正している。

個が，大きく外れているように見えるだけである。第10章では，さらに詳しくこのタイプの汚染について調べよう。

汚染の効果は捉えにくいものである。自動血圧測定器が開発される前は，患者の血圧を測る人は，血圧計（聴診器と空気袋のセット）で異なる音を注意深く聞くように訓練された。カフ（袋状のベルト）を膨らませ，空気袋の下にある動脈を流れる血液を止め，その圧力を徐々に緩めていく。測定者はまず「トン，トン，トン」という血流の最初の音を聞き，心臓の収縮期における血圧を記録する。測定者は，勢いよく流れる音が消えるまで聞き続ける。それは，心血管系の動脈にかかる圧力に対する血流の音であり，心臓の拡張期における血圧として記録する。

しかしながら，誰しもが同じように測るわけではない。血圧を測るのが看護師であれば普通，出てきた数字をそのまま記録する。血圧を測るのが医師であれば大抵，起こりうる病理学的な問題を想定しており，拡張期の血圧が収縮期の血圧に対して「相応しくない」と考える場合，医師は拡張期の値を疑うことがときどきある。そんなときは，医師はもう一回空気を送り込み，「正しい」答えを得ようとする。その結果，医師が測定した血圧は，看護師が測定した血圧よりも，収縮期と拡張期の値の相関係数が高くなりがちである。

この場合，データの汚染というのは，異なる平均値や分散といった形では現れず，異なる相関係数といった形で現れる。汚染された分布に対して，我々は何ができるのであろうか？　汚染されたデータから「真の」データを分離する方法はあるのであろうか？　その答えは，汚染の本質に依存しているのである。

ときどき，その大間違いである汚染が「明らか」であるように感じるときもあるが，本当ではないかもしれない。かつて私は毒性学的な実験で使われるラットの体重を解析することがあった。我々が使っていた種の成熟したラットは，200グラムから300グラムの間の体重で，雌の方が雄に比べて若干軽かった。私はファイルの中のデータを調べまわって，明らかな例外を調べた。大量のデータを分析するときには，たとえ注意深く整えられたデータですら予期しないような問題を持つことがあることを（しばしば苦労して）学ぶだろう。狼狽したような驚きをしないための一つの方法は，回帰直線を求めたり標本の平均や分散を求める前に，実際のデータを眺め調べることである。

そして，案の定，そこには 2000 グラムもある雌のラットが，成熟したラットの中にいたのである。これは明らかに間違いで，誰かが小数点を間違えたか，自動体重計がおかしくなったためであった。そのラットから私のファイルにデータが来る途中に，何かが起きたのである。私はデータを生成していた毒性学研究室に行き，何が起きたのかを調べた。

　なんてことだ，彼ら全員，その雌のことを覚えていたのである！　その雌は太りすぎていて，腹は前に押し出され，横腹はカゴの柵の隙間からはみ出していた。これは大間違いであろうか？　この太った雌のラットは汚染された分布からの何かを表しているのであろうか？　それは私たちが見つけようとするものに依存しているのである。すべてのラットの平均値を求めるのであれば，この外れ値の雌が推定値を大きく歪めてしまうが，しかし，ラットの分散を求めるのであれば，まれに 2000 グラムもある雌ラットがいることを知ることは重要であろう。

まとめ

　データを取得する状況下で汚染されたり，全く関係のない状況下でデータが汚染されたりすることで，汚染された分布が生成される。分布が汚染されると，分散が増え，平均が変わり，相関係数まで影響される。外れ値の一つが，汚染された分布から得られたのかどうかを，判定することは難しいのである。

参考文献

[1] U.S. Department of the Navy, Bureau of Ordnance (17 Apr 1944) *Optical Equipment–Rangefinder, Mark 58, 58 Mod1, 64, 64 Mod 1*, Washington, DC: U.S. Department of the Navy, Bureau of Ordnance.

第 10 章

プリンストン大学の頑健性研究

　1970 年から 71 年にかけて，プリンストン大学統計学部および統計学研究科の学生や院生たちは，かつて実行したことのない，最も広範囲で大量なデータをコンピュータが生成する**モンテカルロ研究**を始めた。ジョン・テューキー教授（図 10.1）の指揮の下，汚染された分布が統計的手法に与える影響と，その影響を防ぐための標準的な手法ではどのように調整すべきか，ということを研究した。このプリンストン大学の頑健性研究は，大間違いの問題に対する画期的な出来事となった。文献 [1] には，その研究から得られた数学的手法の詳しい記述がある。文献 [2] は，スティーブン・スティグラーによる講義録で，文献 [3] は，スティグラーによる一般的な読者に対する解説である。文献 [4] は，この研究のもたらす影響が統計的な実用に与えた点に関して回顧的にレビューしたものである。

　モンテカルロ研究とは何であろうか？　これは，コンピュータを使って，乱数をいくつも発生させ，それらを明確に定義された確率分布を通じて濾過し，異なる統計手法に何度も何度も何度も適用する研究である。

　プリンストン大学の頑健性研究における「**頑健性（ロバストネス）**」という単語の意味は何であろうか？　この単語自体は，ウィスコンシン大学のジョー

図 10.1 ジョン・テューキー (1915–2000)。20 世紀後半における統計学の発展において
大変重要な人物。(Orren Jack Turner 提供)

ジ・ボックス (George Box, 1919–2013) によって新たに作られた。ボックス
は，数学的なモデルにおける仮定が正確に成り立たないときにでも，標準的
な統計手法がどれほどうまく稼働するか，に関心があった。例えば，もし，
誤差項が正規分布ではなく，経済学者のユージン・ファーマが株式市場価格
に適合できることを発見した，安定した対称な分布族に誤差項が従っている
とするならば，多重線形回帰分析において何が起こるであろうか？　ボック
スは，そんなときでも正しい答えを生み出す手法を**頑健な**手法と名付けたの
である。彼は「頑健性」に，より具体的な定義を与えるのを嫌がった。とい
うのも，彼は，自分のアイデアを，数学的には洗練されたとしてもわかりに
くいものにはしたくなかったのである。

　プリンストン大学でのジョン・テューキーは，ボックスとは異なることを
考えていた。彼は，「頑健さ」を，仮定からの特定の逸脱に関して定義した
かった。彼は，異なる手法がどれほど頑健かを測定できるようにしたかった
ので，いくつかの手法を比べてどれが「最も良い」かを見つけようとした。
この目的のために，テューキーと彼の同僚たちは汚染された分布をモデル化
しようとし，大間違いである多くの確率分布を検討した。

彼らはすぐに，この問題をあまりに一般化してしまうと，たとえコンピュータの助けを借りても対処することができなくなることに気づいた。大間違いは至るところにあり，分布の汚染は異なる多くの方法で結論を捻じ曲げてしまうのである。

　誤差の分布は，平均が 0 かつ対称で，小さな分散を持つと仮定される。大間違いの分布は，ある方向に観測値を引っ張ったり，対称性を壊したり，他の何かを測ってしまうことで本来測りたい平均からかけ離れたものにしたりする。もしくは，対称性があり平均も 0 であるが，的外れとなることもある（例えば，あるデータは小数点の位置がズレて記録されたり，親の体重がキログラムの代わりにポンドで記録されたりする）。そこでテューキーたちは，汚染された分布の調査を，対称性があり測定しようと思うものと同じような平均を持つものに限定しようと決めた。斜視を持つ水兵によって記録された的外れな値は，このモデルに当てはまるのである。

　彼らは，汚染された分布の要因である大間違いが，非常に稀な場合，比較的少ない場合，そしてよくある場合などにおいて，膨大な回数のモンテカルロ研究を実行した。

　プリンストン大学の頑健性研究の結果を我々が考える前に，現実のスポーツからの例を見てみよう。これは，アレキサンダー・マイスター（Alexander Meister：文献 [5]）によるもので，ジョセフ・ヒルベ（Joseph Hilbe：文献 [6]）と私との私的なやりとりによる補遺がある。トラックや野外競技において，100 メートル走のような競技の正確なタイムを決めることは大抵難しい。電子時計が導入される前には，勝者のタイムは 3 人の測定者がストップウォッチを使って測るのが一般的だった。他のどのスポーツの種類でも

$$観測値 = 真値 + 誤差$$

という式が成り立つので，3 人の測定人は，普通 3 つの異なる計測値を出してくることになる。誤差の分散を小さくするために，公式記録は，3 つの値の中央値が採用された。長距離走では，測定は 2 人で行って，公式記録は 2 つのうち大きな値が採用されていた。

　3 つのタイムの中央値をとることで測定値の誤差は対称性を保ち分散も小さくなった。この方法では，分散が小さくなることにより真値からのズレが

±0.1 秒以内に抑えられると仮定されていた（2 つのうち大きな値を使った方式では，誤差が大きくなることを許容することによって，その分析にバイアスを生じさせていた）。マイスターは，電子時計の導入により誤差の分散が大きく抑えられるようになったため，正確なタイムが測定値の ±0.001 秒以内に存在することを保証できると指摘した。このことは，マイスターによれば，かつての走者のタイムは 0.1 秒以上の誤差程度で測定されているので，現代の走者はかつての記録に「騙された」印象があるかもしれない。ある人は，優勝した者の測定値には 2 つの誤差の分布があるように思うかもしれない。電子時計を導入する前には，誤差の分散は電子時計による誤差の分散よりも大きかったのである。これは，プリンストン大学の頑健性研究によって調査されたタイプの状況である。

　プリンストン大学の頑健性研究による一つの発見は，そこに汚染があるときのデータの平均値は，分布の中心（いわゆる平均）として根拠のかなり弱い推定値であるということであった。この研究の対象は平均以外にも拡張され，多重線形回帰分析を推定するための一般的なアルゴリズムも頑健ではなかった。なぜ頑健でないのかは，介護施設における人々の平均年齢を推定しようとする問題を考えるとよい。高齢者で読み書きできない男性は，自分の誕生日を知らないけれども，少なくとも 110 歳であると「想像している」。老人ホームの大抵の人々は 70 代か 80 代であり，何人かが 90 代である。もし，平均をとられる年齢の中に 110 歳が含まれているならば，老人ホームの大抵が 90 歳未満だとすると，平均値は 93 か 94 歳となるだろう。または，卒業して 10 年経ったある大学の卒業生の平均年収を推定しようとするとき，一人の卒業生が男子修道会に入会し清貧を誓ったとするとどうなるであろうか。

　大間違いによる汚染が起こりうる場合に，ある特定の値が汚染された分布からのものなのか，測定しようとする「本物の」値なのかを決定することは難しい。ただ単に外れ値だからといって，それを使うべきではないとは言えない。的外れのように見えるデータを投げ捨てることは，間違った結論を導きやすい。

　分布の中心を推定する方法として，平均値以外にも候補はある。それが中央値で，観測値の半分がその値以上で，残りの半分がその値以下であるような値である。汚染がなければ，平均値による分散は中央値による分散よりも小

さいが，もしラットの体重の分析において，中央値が使われていれば，2,000
グラムの雌ラットは大きな方向に平均の推定値を引っ張ることはなかったで
あろう。

　中央値は，**トリム平均**と呼ばれる，より一般的なアイデアの一つである。
トリム平均では，すべてのデータを大きさ順に並べて，最も小さい5個と最
も大きい5個を捨てる。もしくは，最も小さい10個と最も大きい10個を捨
てるかもしれない。中央値は，極端なトリム平均なのである。

　これは数学的合理化の典型である。ある手法を知って，それを記述する
もっと一般的なやり方を見つけようとするとき，その「ある手法」は，数多
くある関連する手法の一つに過ぎないので，より一般的なやり方の中でどれ
が最善かを決めようとする。

　そうすると，どのようなトリム平均が最善なのであろうか？　それに答え
るためにはさらに知識が必要となる。彼らのモンテカルロ研究を通じて，プ
リンストン大学の頑健性研究グループは，彼らが「機能停止」点と呼ぶもの
を定義した。もし我々が誤差項の分布（大抵は正規分布）と汚染されている
大間違いの分布を知っているならば，低い値（Aと呼ぶ）と高い値（Bと呼
ぶ）を定め，Aよりも小さいかもしくはBよりも大きい観測値が汚染された
大間違いの分布から得られたと考えられる合理的な確率（20%より大きい）
を得ることができるのである。（プリンストン大学の頑健性研究が定義して
いた）大間違いの分布は対称であったから，測定しようとする平均の不偏推
定量となるようなトリム平均をこれらの値（AとB）を使って定義すること
ができた。

　プリンストン大学にいたチャールズ・ウィンザー (Charles Winsor, 1895–
1951) は，数年前からトリム平均のより洗練された方法を提案していた。こ
こにウィンザーが提案したものを示そう。機能停止点を超える値を捨てる代
わりに，機能停止点を超えた値をすべて，その領域に含まれる機能停止点に
最も近い観測値の値にしてしまうのである。これを**ウィンザー化平均**と呼ぶ。
プリンストン大学の頑健性研究は，これがトリム平均による分散よりも小さ
い分散を持ち，ウィンザー化平均に基づいた推論がより正確であることを示
した。

　本書では扱わないレベルの数学を使って，プリンストン大学の頑健性研究

はこれらの知見を多重線形回帰モデルの推定に拡張した。これらの知見はすべて，フーバーとロンチェッチによって書籍 [1] にまとめられた。シカゴ大学のスティーブン・スティグラーは文献 [2,3] で，頑健な統計的方法の予期しない結果をいくつか示した。特に文献 [3] でスティグラーは，第 1 章で出てきた地球と太陽との距離を推定するためにキャヴェンディッシュ委員会で使われたデータを再検討したのである。スティグラーがこれらの手法を適用すると，キャヴェンディッシュ委員会が注意深く選んだデータと同じようなデータが選ばれたのである。

まとめ

プリンストン大学の頑健性研究は，科学で使われる統計解析の一般的な手法における汚染された分布の効果に関する大規模なモンテカルロ研究であった。その調査は，対称な分布を持つ汚染（大間違い）に限定されていた。

この研究は，分布の中心を推定するのにトリム平均やウィンザー化平均を使うことを推奨するものであった。これらは多重線形回帰分析を含む，より複雑なモデルに拡張されることになった。

参考文献

[1] Huber, P.J., and Ronchetti, E. (2009) *Robust Statistics*, 2nd Edition, New York, NY: John Wiley & Sons.

[2] スティグラーによる今日の頑健な手法の説明は次を見てほしい。http://home. uchicago.edu/~lhansen/changing_robustness_stigler.pdf (last modified June 2010).

[3] Stigler, S. (1977) Do robust estimators work on real data? *Ann. Stat.*, 5, 1055–1098.

[4] Kafadar, K. (2001) John Tukey and robustness, *Proceedings of the Annual Meeting of the American Statistical Association*, Aug 5–9, 2001, available at: http://www.amstat.org/sections/SRMS/ Proceedings/y2001/Proceed/00322.pdf

[5] Alexander, M. (2009) Deconvolution problems in nonparametric statistics, Lecture Notes in Statistics (#103), Berlin: Springer-Verlag

[6] Joseph, H. (2016) Private communication.

第11章

求められているものが
大間違いであるとき

第9章と第10章で，厄介ものあるいは我々のデータにあるべきでないものとしての「大間違い」，そして計算する際に何を入れたり取り除いたりしなくてはならないか，ということを考えた。しかしながら，汚染された分布に関心があるようなときには，調べるべきものが「大間違い」自身であることは度々起こる。

新薬の開発では，化学者たちや生物学者たちは膨大な薬の候補となるものを生成する。これらは有機化学薬品や生物からの抽出物で，それらはいずれも，血圧を下げたり，炎症の過程に関与するサイトカインを妨げたりするような，ある特定の効果を持つものである。製薬会社には，生体内や生体外でこれらの化合物の統計的検定を実施する生物学者や薬理学者がいる。これらの検定によって，要求される働きに対して適正な水準を満たさないような多くの化合物が排除され，水準を満たす2, 3個の化合物が候補となる。

その候補となった新しい化合物が人間を対象とした臨床試験に導入されるようになると，開発にはさらに膨大な費用がかかることになる。研究の第1段階（第I相と呼ばれる）は，通常健康なボランティアに対して実行されるが，各化合物に対して，人間の体でどのように作用するのか，適切な血中濃

度を達成するために必要な量はどれほどか，（肝臓の損傷を示唆する血中酵素の急激な上昇のような）トラブルの兆候があるのか否か，などが調べられる。

　研究の第2段階（第II相と呼ばれる）では，複数の患者に対して単回もしくは短期間に数回投与し，その化合物に効果がありそうか，その代謝に関する結果が健康な成人に対するものと似たようなものであるか，などが調べられる。研究の第3段階（第III相と呼ばれる）では，多くの患者に対してランダム化臨床試験が実施される。

　各段階を経れば経るほど，研究開発費用はうなぎのぼりとなる。生体内や生体外での研究は，企業の研究機関もしくは契約された外部の研究機関で実施され，費用は数十万ドルほどとなる。それが人間に対する調査を始めると，総額数百万ドルの費用に達する。企業の経営者は，ある特定の化合物の開発を継続するのか，その開発を止めて一連の研究で得ていた他の化合物で開発を継続するのかを決定しなくてはならない。

　私の経験では，ある化合物に対する知識が少なければ少ないほど，それがより良く見えてしまう傾向があった。一旦臨床試験に入ってしまうと，色々な問題が起きてしまう。患者の中には，効果がない人が出てしまうこともある。その原因としては，投与する量が少なかったのか，もしくは化合物には適切な効果がなかったのか，どちらであろうか。一連の研究で得ていた（まだ臨床試験されていない）第2候補の化合物の方がより良かったのであろうか。

　一旦，第III相の研究に入ることが決定されると，企業は数千万ドルの費用を負担することになる。初期の臨床試験をどのように検討すれば，候補となる化合物が治療のための効果を本当に持つかどうかを見定めることができるのであろうか。

　新薬がすべての患者に有益な効果を持つことは滅多にない。試験化合物は，身体におけるいくつかの自然なプロセスを遮断することで，ある特定の薬理作用効果を持つように構成される。しかし，ヒトという動物は，長期にわたる複雑な進化的発生の成果物であるので，酵素やホルモンの複数の経路によって（リウマチ性関節炎における関節腫脹のような）効果が得られると考えるのが普通である。ある患者では，その疾病が生物化学的経路の問題で起きているため試験化合物が「作用する」かもしれないし，別の経路が原因

となる異なる患者ではその疾病に効果が得られないかもしれない。

　新薬の臨床試験に参加する患者群には，「反応」する患者も，しない患者も出てくる。要は汚染された分布を持つことになるのである。このときの「大間違い」は反応する患者たちである。もしも疾病のある測定値（例えば，リウマチ性関節炎における痛みのある関節の個数）が得られたとすると，プリンストン大学での頑健性研究であったように，「大間違い」の分布は対称的とはならない。

　製薬会社の管理部門が直面する問題は，「何人の患者が反応したのか？」「汚染された分布からの有効性の指標はあるのか？」などである。

　どんな統計解析でも，キーとなる要素は，一体どれほど効果があったのかを見極めることである。もし新薬が痛みを緩和するかどうかを確かめたいのなら，2, 3 人の患者だけでそれを試したりしない。というのも，有効性のどんな兆候も誤差という不確実性の雲の中にまぎれてしまうだろうから。何人程度の患者に適用すべきであろうか？　この質問に答える統計的な計算がある。検出力分析と呼ばれるものを使うと，（もしあるならば）効果があると確信できるために何人の患者が必要かを計算することができる。

　もし何かを探しているのなら，それがどこにあるのかをよく考えることが大切である。もし車の鍵を探しているのなら，ゴミ箱や洗面所の戸棚をあさったりしないだろう。まず，車の鍵をよく置く場所を探せば，見つかる可能性が高いだろう。

　統計にも似たようなアイデアがある。測定における真の分布がある効果を表すかどうかを確かめるために，研究データを使うとしよう。真の分布に関して考えられる仮定が多いほど，より少ない患者数でその効果を探ることができる。うまく定義された確率分布を見つけるためにその分析が仕立てられるとき，これを**制限された検定**という。

　制限された検定 [1] を用いると，より少ない患者数で，もう一つの確率分布から発生する患者群の存在を発見できることが知られている。この制限された検定を使って，製薬会社は，相対的に小さな臨床試験により，新化合物が潜在的な患者群に対して有益な効果を持つかどうかを見定めることができるのである。

まとめ

　我々が探しているものが，分布の汚染という「大間違い」であることがときどきある。一つの例として，新薬開発の問題が示された。そこでは，「反応」する患者の汚染された分布を含むモデルを使うことによって，新薬が「作用する」かどうかを決定するために，臨床試験に必要な患者数を減らすことができるのである。

参考文献

[1] Conover, W.J., and Salsburg, D.S. (1988) Locally most powerful tests for detecting treatment effects when only a subset of patients can be expected to "respond" to treatment, Biometrics, **44**, 189–196.

第12章

大間違いを分類する

第2章から第8章までの「誤差」に関する章では，以下の基本式

$$観測値 = モデル + 誤差 \tag{12.1}$$

について考えた。このモデルは，観測値に影響を与えるかもしれない確率変数を含んだ特定の数学的関数で，誤差項は不確定要素（もしくはガモフの不確実なビリヤード球）であった。しかしながら，2つ以上の異なる不確定要素を含む問題をモデル化する必要もときどきあるのである。第11章では，第2の不確定要素の存在に対する検定がいかに可能であるかを見た。ある不確定要素を2つの不確定要素に分解する問題を考えよう。

いま，ある高校の生徒たちの中で，（飲酒や万引きのような）違法行為や反社会的行為を行ったことのある割合を調査したいとする。彼らに単に尋ねただけで，正直な回答が得られることは難しいであろう。しかし，「ランダム化回答法」というテクニックがある [1]。

適切な調査に向けて生徒のサンプルを選び，次の問いかけで調査を行うものとしよう。

これからあなたに二つの質問をします。一つは答えたくないものかもしれませんが，もう一つは当たり障りのないものです。その質問は

1. あなたは先月飲酒や万引きをしましたか？
2. あなたはこの町で生まれましたか？

これらの質問のうちどちらかに「はい」か「いいえ」で答えてください。ここに一組のカードがあります。確認してもらってもよいですし，好きなだけシャッフルしてもらっても構いません。その後，一枚のカードを引いてください。私に見せる必要はありません。そのカードがもしクイーンであれば2番目の質問に答えてください。違うカードであれば，1番目の質問に答えてください。最後に引いたカードを戻し，シャッフルしておいてください。

　調査者がこの生徒から得たものは「はい」か「いいえ」のみである。それは，調査の段階で二つの質問のうち，どちらに答えたのか知らないからである。ここから，どうやってこの違法行為をした生徒の割合を知ることができるのであろうか？　ここで，簡単な数学的モデルを作ろう。

$$\text{Prob}\{\,回答は「はい」\} = \pi\, p_1 + (1 - \pi)\, p_2 \qquad (12.2)$$

ただし，p_1 はこの町で生まれた確率で，p_2 は違法行為を行った確率であり，π は一組のカードからクイーンを引く確率である。

　このとき，一組のカードにクイーンは4枚なので，

$$\pi = \frac{4}{52} = \frac{1}{13}$$

であり，p_1 はこの学校の生徒の中でこの町で生まれた人数を調べることから得られる。

　この調査で「はい」と回答した割合を計算することによって，目的である違法行為をしたという割合を推定することができるのである。

　仮に「はい」と答えた生徒の割合が43%で，学校の生徒の中でこの町で生まれた生徒が70%であるとしよう。

　そうすると，式 (12.2) から

$$0.43 = \frac{1}{13} \times 0.70 + \frac{12}{13}\, p_2$$
$$よって\ p_2 = 0.408$$

が求まる。回答する生徒がどちらの質問を選んだかを知ることなく，違法行為もしくは社会的に受け入れられない行為を行った学生の割合が約 41% であることを得ることができるのである。

ランダム化回答法は，世論調査などで統計学者が使う重要なテクニックである。調査手法の開発は統計学の研究において主要な部分を占めており，調査から得られた結果への妥当性は式 (12.2) のような比較的簡単な式によっていることが多い。

ここに，汚染された分布から得られたデータを，誤差と「大間違い」によって影響されたものに分けるときの，もう一つのモデルの例がある。

ヒトゲノムへのマッピングおよび DNA における遺伝子を特定するために色々な手法が開発されてきた。これは，医学における新しい研究領域の扉を開いたのである。多くの疾病に遺伝要素が含まれていることが知られている。血友病のように，遺伝子の異常による遺伝性であることが明白な病気もある。他方，アルツハイマー型認知症，循環器疾患，乳がんのような病気は，患者の両親から遺伝した DNA における異常に大きく影響されていると信じられている。さて，遺伝子の位置を特定し，全ゲノム上においてあらゆる突然変異を操作できれば，現代医学は，遺伝子の異常を見つけ，構成するタンパク質を特定し，遺伝子の異常に対抗する処置を考案することができるのではないか，と思われた。

そこで医学者たちは，想定された疾病を持つ患者群を集め，彼らの DNA と似た健康人群とで遺伝子の比較を始めた。ここでは，囊胞性線維症の遺伝的な根拠を探している状況を考えよう。囊胞性線維症である子供の患者 100 人と年齢でマッチングした健康な 100 人の子供から DNA サンプルを集め，どの変異体遺伝子が囊胞性線維症と相関関係にあるかを調べるとしよう。

しかし，これには問題があった。患者と健康人の数を $N = 200$ としたのであるが，ヒト DNA における遺伝子数 p はほぼ 4 万個もあったのである。しかも遺伝子は 4 万個以上かもしれない，というのも，遺伝子の発現は他の部分の DNA，いわゆる DNA のエピジェネティックな部分[†]に支配されていることが明白になってきているので，p は 4 万個よりももっと多いのである。

これが，いわゆる「大きな p，小さな N」問題なのである。ボンフェローニの亡霊が，背後に座って我々を笑っているのである。しかし，ボンフェローニは，テルアヴィヴ大学のベンジャミニ (Yoav Benjamini) とホッホバーグ

[†] 訳注：DNA 塩基配列の変化には規定されない，遺伝子の発現パターンや細胞表現型の変化に関する仕組みおよび研究領域を「エピジェネティクス」と呼ぶ。

(Yosef Hochberg) の賢さを予想していなかった [2]。彼らの解法はこうである。

　各遺伝子に対して，そのアミノ酸のパターンの特徴を測定することができる。それらは普通，細胞核が宇宙線に当たったときなどに生じる DNA の些細な違いを表す一塩基多型 (SNP) によって特徴付けられる。このことから，病気の子供と健康な子供が持っている特定の SNP のそれぞれの割合が求められる。

　病気に関連しているであろう遺伝子を考えるために，SNP の違いがいかに重要であるかを知りたいのである。その測定値を t としよう。t のとりうる値は，二つの不確実な仮説のどちらかから得られる。その一つの仮説は，その特定の遺伝子が病気において大した役割をしていないという状況であり，病気と健康のグループ間の平均の差は，（回帰問題で誤差を記述したように）平均 0 で対称的に分布していることになる。もう一つの仮説は，この遺伝子は該当の病気に大きく関わっているというものである。

　ごく一部を除いてほとんどの遺伝子は，病気に関わりがない。その遺伝子の割合を θ としよう。言い換えると，ランダムに選ばれた遺伝子が病気に関係しない確率ともいえる。θ はモデルのパラメータであり，直接観測されることができないため，慣習に従ってギリシャ文字を用いて表す。我々が得ることのできる測定値 t は，効果がないという仮説に関連する不確実性かもしくは，効果があるという仮説に関連する不確実性のどちらかに属している。前述と同様に，我々は確率分布としてこれらの不確実性を記述していこう。

　遺伝性疾患を持つ患者と対照となる健康な子供との間の遺伝子の特徴における差異である測定値 t を考えよう。とりうる t の値に対して，前の段落同様に次の方程式として記述することができる。

$$\mathrm{Prob}\{t\} = \theta\,\mathrm{Prob}\{\text{効果がないときの } t\} + (1-\theta)\,\mathrm{Prob}\{\text{効果があるときの } t\}$$

(12.3)

　t の値として $t = 2.0$ を選んでみよう。この値は，この遺伝子に効果がなければ起こりそうもない値であり，効果を持つならば起こりやすい値である。もしもこの t の値を，ゲノムにある 4 万個もの遺伝子から候補となる遺伝子を選ぶために使うとするならば，往々にして間違えることになるだろうし，

我々の「的中」した中のある程度は，誤った「発見」となるだろう。例として，$t = 2.0$ を考えると，「的中」した中で誤りである割合はいくらであろうか。ベンジャミニとホッホバーグはこの割合を**偽発見率** (false discovery rate: FDR) と呼んだ。FDR の推定は

$$\text{FDR} = \frac{\text{Prob}\{ \text{効果のなかった「的中」}\}}{\text{Prob}\{ \text{全体的な「的中」}\}} \tag{12.4}$$

式 (12.4) における分子は

$$\theta \, \text{Prob}\{ \text{効果がないときの } t\}$$

である.

　しかし，θ はその疾患に効果のない遺伝子の割合であるが，その割合は非常に大きいので，ベンジャミニとホッホバーグは $\theta = 1$ としたのである。もちろん θ は 1 に等しくはない。もしそうだとすると，どんな遺伝子もこの疾患に関係ないことになり，全体の試みが無駄になってしまう。しかし，たった 3 個の遺伝子だけが関係しているとすると，θ は 39,997/40,000 となりほとんど 1 なのである。

　数学は正確なはずであることは理解しているが，これは科学に用いられる数学においてよく見かけるトリックなのである。複雑な表現を，その値がかなり近くてかなり扱いやすいものに置き換えるのである。

　さて，ベンジャミニとホッホバーグは式 (12.4) の分母を扱わなくてはならなかった。Prob{ 効果のなかった「的中」} を決定することはできたが，Prob{ 効果のあった「的中」} を求める必要があった。彼らの解法は，

$$\frac{\text{「的中」した全数}}{\text{調べた全遺伝子数}}$$

から式 (12.4) の分母を推定することであった。

　この観察と理論の素晴らしいつながりによって，我々が欲しい FDR，例えば 10% や 20% を設定するような t の値を選ぶことができるようになるのである。小さな N と大きな p の問題に対する FDR アプローチの完全な議論は文献 [2] を参照せよ。

まとめ

　二つの分布の混合を扱う状況と，汚染された分布の特徴を推定したいという状況の二つの事例を見た。一つの事例は，ランダム化回答法であり，回答者は「はい」と「いいえ」しかない回答を持つ二つの質問に答えるものであった。一つの質問は当たり障りのない質問で，もう一つが社会的に許容されない行為についての質問である。回答者はランダムに値が出るものを使って，どちらの質問に答えるのかを決定する。当たり障りのない質問に「はい」と答える理論的な確率は既知であり，その質問を選ぶ確率も既知とする。このことから，社会的に許容されない行為の出現確率を推測するのである。もう一つの事例は，比較的少数の観測値を用いて莫大な確率変数から特徴を示す変数を選択するという問題である。ベンジャミニとホッホバーグ [2] によって提案された FDR は，誤差の推定可能な確率を利用して重要な確率変数を同定する方法である。

参考文献

[1]　Warner, S.L. (1965) Randomized response, a survey technique for eliminating evasive answer bias, *J. Amer. Stat. Assn.*, **60**, 67–69.

[2]　Benjamini, Y., and Hochberg, Y. (1995) Controlling the false discovery rate: A practical and powerful approach to multiple testing, *J. Roy. Stat. Soc., Ser.B*, **57**, 289–300.

第IV部

ウ　ソ

第13章

王の在位期間

さあみんな，この大地に坐り，
王たちの死にまつわる悲しい物語をしよう──
ある王は退位させられ，ある王は戦争で虐殺され，
ある王は自分が退位させた王の亡霊に取り憑かれた，
妻に毒殺された王，寝ているうちに殺された王──
みな殺害されたのだ。[†]

　シェイクスピアの戯曲『リチャード二世』は，イングランド王リチャード
の退位と暗殺，そして王たちの悲哀な生きざまを描いた物語である。ここで
王たちの在位期間はどれほどであろうか，という疑問を取り上げる。ローマ
の言い伝えによれば，ローマの創立者であるロームルスは 38 年間，彼の息
子は 42 年間の在位期間であった。これは本当だろうか？

　表 13.1 はローマ時代の王たちの在位期間を表している。一方，表 13.2 は
ウイリアム 1 世からリチャード 2 世までのイングランドの王たちの在位期間
である。

　私は，これらの 2 つの数値列は比べるために選んだのである。というのは，
初期のイングランドの王たちの在位期間は正確であり，2 つの時代のそれぞ

[†] 松岡和子訳 (2015)『リチャード二世（シェイクスピア全集 26)』，東京：筑摩書房

表 13.1　ローマ初代の王たちの在位期間であるが，適当なばらつきがほとんどない偽造されたデータ例である。

ローマ初代の王たち	在位期間（年数）
ロームルス	38
ヌマ・ポンピリウス	42
トゥッルス・ホスティリウス	32
アンクス・マルキウス	26
ルキウス・タルクィニウス・プリスクス	38
セルウィウス・トゥッリウス	34
ルキウス・タルクィニウス・スペルブス	25

表 13.2　イングランドの初代 13 人の王の在位期間である。ローマ初代の王たちの在位期間よりもばらつきが大きい。

イングランドの王たち	在位期間（年数）
ウィリアム 1 世	12
ウィリアム 2 世	14
ヘンリー 1 世	36
スティーブン	20
マティルダ皇后	1
ヘンリー 2 世	35
リチャード 1 世	11
ジョン	17
ヘンリー 3 世	57
エドワード 1 世	37
エドワード 2 世	21
エドワード 3 世	50
リチャード 2 世	23

れの在位期間中における生活状態や医薬はかなり似たものであるから，死の原因となるものも同じであろうということが想像できるからである。

　イングランドの王たちの在位期間はローマの王たちに比べてばらつきが大きいことがすぐわかる。ばらつきのなさは偽造されたデータの顕著な特徴となることが多い。現実的にはどの王も，長期にわたる在位期間に問題なく統治していたわけではない。シェークスピアが知っていたように，王たちの中には，敵に殺されたり戦いで死んだり，退位に追いつめられたりした者もいる。1 年以下の在位期間であった王を見つけるのは珍しいことではない。また，現代医療のない時代の男性の寿命を考えると，40 代で王位に就いた王

があと 10 年か 15 年以上生きることは難しかったであろう．そういう点からも，ローマ時代の王の在位期間は，その長さとばらつきの観点からかなり怪しいものであるといえる．

　比較可能なばらつきに対する統計的検定がある．ばらつきはデータセットの分散で測られる．表 13.1 に示されたローマの王たちの在位期間においてその分散の推定値は 40.6 である．表 13.2 に示されたイングランドの王たちの在位期間においてその分散の推定値は 264.9 である．もし二組のデータセットが同じ分散を持つようなデータセットからランダムに得られたものであるとすると，二つの分散比は 0.25 から 2.5 の間にあるものと考えられる．しかし，表 13.2 における分散を表 13.1 における分散で割った値は 6.52 である．もしもそれらが同じ状況における代表値であったとすると，ほとんど不可能（確率的に 3/1000 以下）であるものを観測したことになる．よって，これらの在位期間は偽造されたデータとして棄却するのは合理的なのである．

　もしローマの王たちの在位期間がウソだとすると，古代ヘブライ王国はどうであろうか？　表 13.3 は，旧約聖書の列王記下からユダの王たちの在位期間を示している．これらの数字は，ローマの王たちのものよりも現実的に見える．かなり大きなばらつきもある．2 人の王は 50 年以上統治し，3 人の王は 10 年以下である．在位期間の推定された分散は 299.3 でありイングランドのよりも大きいが，それら二つの分散比は 1.130 である．二組のデータセットが同じ分布から得られたとして，この比より大きくなる確率は 40%以上となる[†]．

　よって，統計的な検証結果は，ローマのデータは偽造であるが，ヘブライ王のデータは偽造ではないことがわかる．

　偽造データが十分なばらつきを持たないことは，うそつきがこの事実を知らない限り成り立つ．もしうそつきがこの事実を知ると，うそつきの最善のアプローチは，実データから始めて，データを必要に応じて変化させるために，この事実を巧妙に使うこととなる．

　そんな巧妙なうそつきの例としては，英国の教育心理学者のシリル・バート卿 (Sir Cyril Burt, 1883–1971) が 20 世紀前半に行った研究がある（参考

[†] 訳注：それぞれの数値は改めて計算し，原著より訂正している．

表 13.3 旧約聖書によるユダの王たちの在位期間：これは適切なばらつきを持っているであろうか？

ユダの王たち	在位期間（年）
レハブアム	17
アビヤム	3
アサ	41
ヨシャファト	25
ヨラム	8
アハズヤ	1
アタルヤ	6
ヨアシュ	40
アマツヤ	29
ウジヤ	52
ヨタム	16
アハズ	17
ヒゼキヤ	29
マナセ	55
アモン	2
ヨシヤ	31
ヨアハズ	3ヶ月
エホヤキム	11
エホヤキン	3ヶ月
ゼデキヤ	11

文献 [1] を参照せよ）。バートは，生まれてから離ればなれになった一卵性双生児のグループを追跡することによって，彼のキャリアを築いた。そんな一卵性双生児が成長した後の知能検査の結果を研究することによって，生まれ持った気質は育て方よりも重要である，と結論付けた。異なる家庭（ときには異なる国）で育ったにもかかわらず，一卵性双生児の2人の知能検査の結果はどれも，異なる環境で育った子供たちによる結果よりもより似通っていたのである。バートの研究の結果，英国政府は，11歳の子供たちを対象とする知能検査を使って，どの子供たちがより高等教育へ進学し，どの子供たちが手に職をつける訓練をするかを指定するようになった。

　1971年のバートの死後，いくつかの疑問を解消するために彼の共著者に会うことが試みられた。彼の論文はいつも女性の共著者たちがいて，検定や作表を手伝っている女性たちだろうと思われていたのだが，その女性たちを探し出すことはできなかった。

バートの出版された研究に，どれほど偽造が含まれていたかについてはまだ議論の余地があるけれども，多くの批評家は，これらの共著者たちは存在しなかったと結論付けた。しかし批評家たちは，彼の業績において偽造された共著者名を使い続けたことを問題にし，生まれてすぐ離別した一卵性双生児を追跡しておらず彼のデータがすべて偽造されたものであったと主張した。

　とはいえ，彼の論文で示されたデータは正真正銘のように見えた。適切なばらつきもあった。ときどき同じデータセットが彼の異なる論文で異なる状況を説明するのに繰り返し使われているけれども，ランダム性に対する様々な検定もパスした。そうこうするうち，調査員たちはバートの本棚に，多くのページに印のつけられた1冊の年鑑を見つけた。バートはその年鑑から様々なデータをコピーし，データの小数位を変更することで正しい範囲にデータが入るようにしていたのである。

　私が特定できた偽造者の中では，シリル・バートほど洗練されたデータ偽造者はいなかった。私の経験では，適切なばらつきのなさがうそつきデータの大きな特徴なのである。

まとめ

　通常偽造されたデータは，実データほどのばらつきを持たない。古代のローマ王たちのいわゆる在位期間は，イングランドの王たちの在位期間と比べると，イングランドのデータの方がよりばらつきを持っていた。列王記下に記されたユダの王たちの在位期間もばらつきの検定を通過した。しかしながら，もし偽造者がシリル・バートのように洗練されていて，シリル・バートがしたように実データから偽造を始めた場合，偽造データが適切なばらつきを持つかもしれないのである。

参考文献

[1]　Samelson, F. (1997) What to do about fraud charges in science; or, will the Burt affair ever end? *Genetica*, **99**(2–3), 145–151.

第14章

「真の」デイヴィー・クロケットを探す

デイヴィー・クロケット[†]（Davy Crockett, 図 14.1）は，1950 年代のテレビドラマや映画のヒーローで，実在の人物であった。彼は 1830 年代の米国連邦議会の議員であった。ホイッグ党の派閥争いの結果，大統領候補に彼が指名されそうになったこともある。彼は 2 冊か 3 冊の本を書いた。2 冊か 3 冊？　これが本章で調べる疑問である。

クロケットは，アンドリュー・ジャクソン大統領の支持者として 1832 年テネシー州から連邦議会の議員となった。ジャクソン大統領は，クロケットがインディアン戦争で戦ったときの指揮官であった。彼が 1834 年に再選を果たしたとき，彼はキャンペーン用自叙伝『デイヴィー・クロケットの人生のある物語』（以降『人生の物語』とする）を出版した。その自叙伝で，学校には 3 日間通っただけで，30 代になるまで読み書きができなかったが，彼の妻が彼に読み書きを教えてくれたことが書かれている。彼の著述のスタイルは，序文を読めばわかる。

　この本の中で偉い人たちから批判されるようなことは思いつかない。私の綴り

[†] 訳注：本名はデイヴィッド・クロケットであるが，通称名であるデイヴィー・クロケットとして知られている。

図 14.1 デイヴィー・クロケット (1786–1836)。木こり，連邦議会の議員，大統領候補者，テキサス州のボクサー，作家。実際のところ彼は何冊の本を書いたのだろうか？（Shutterstock.com 提供）

　方がそうか？　それは私の専門ではない。私の文法がそうか？　文法を習う時間がなかったし，文法について得意になったこともない。私の本における内容や構成がそうか？　以前に一冊の本も書いていないし，本もあまり読んでいないし，もちろんそんなことはほとんど知らない。本の原作者が誰であるかということについてだろうか？　この点については主張したいところであり，私は湿布薬の如くそれにしがみつくだろう。本全体は私自身のものであり，その中のどの気持ちもどの文章もだ。私は，友人に私の本をななめ読みするなと言ったり，スペリングや文法の間違いはないと断言するような，そんな阿呆でもないしゴロツキでもないよ。

　連邦議会での 2 期目で，クロケットは彼の英雄であるアンドリュー・ジャクソン大統領と袂を分かつことになった。彼は，ジャクソン大統領の計画に反対したのである。それは，「文明化された」先住民の 5 つの部族を，ノース・カロライナ州，テネシー州，ジョージア州，アラバマ州とフロリダ州にある彼らの豊かな水のある故国から，強制的に乾燥地（後のオクラホマ州）

へ移住させるという計画であった。これが悪名高い「涙の道」であり，アメリカ合衆国とネイティブ・アメリカンとの関係において最もひどい不当行為の一つと考えられているものである。

彼はジャクソン大統領と「涙の道」において袂を分けただけでなく，大統領が国法銀行を潰すときも反対した。彼の政治的な立場と政策は，自国産業を保護するために強い貨幣と高い関税を課すことを主張する北東部ホイッグ党寄りの考え方であった。連邦議会での3期目で敗北した後，クロケットはニューイングランドの製造業者たちに誘われて，北東部への広範囲にわたる旅行に出かけた。

その旅行紀はもう一冊の本になったが，本のタイトルは『北部とメイン州を巡るクロケット大佐の方丈記』（以降『方丈記』とする）で，デイヴィー・クロケットが書いたとされている。しかし，この本は本当にクロケットによって書かれたものであろうか？　もしかしたら，製造業者たちから頼まれた広告代理店が書いたものではないだろうか？　彼の本には，ニューイングランドの工場で働く若い女性たちの牧歌的な行動が書かれていた。それは，彼女たちが貞節を守るために，寄宿舎では用心して夜に施錠していたことである。彼は，彼女たちのひどい労働環境のことは言及しなかったが，彼女たちがどれほどのお金を（大抵が農夫であった）家族に送金していたかを賞賛していた。

クロケットは連邦議会にもう一度選出された。その議員任期の終りに，50歳の彼は，メキシコに反抗しているテキサス州民を助けようとした。彼はサンアントニオに到着して，メキシコの独裁者であるサンタ・アナに滅ぼされかかっていたアラモの反抗者たちとともにいた。クロケットはその戦いで死んだか，アラモが占領された後サンタ・アナの兵隊によって処刑された。

その年の暮れに，彼のテキサスへの旅とアラモでの戦いにおける一人称で綴られた旅の記録が，『クロケットのテキサスにおける冒険と功績』（以降『テキサス』とする）という題名で出版された。私がアラモを訪問した際に，（日記の形式である）クロケットの本のページが額に入れられてお墓の壁に飾られ，そこにはアラモでの戦いの様子も描かれていたのを見つけた。実際のところ，クロケットはこの最後の本を執筆したのか？　それとも，クロケットの名声で一儲けをしようとした見知らぬ三文文士の創作なのだろうか？

読者にこれらが同じ人物による本であるかどうかを判断してもらうために，ここに引用する。『人生の物語』から，熊との戦いで有名なシーンである。

When I got there, they had treed the bear in a large forked poplar, and it was setting in the fork. I could see the lump, but not plain enough to shoot with any certainty, as there was no moonlight ... At last I thought I could shoot by guess and kill him; so I pointed as near the lump as I could and fired away. But the bear didn't come, he only clumb up higher, and got out on a limb, which helped me to see him better. I now loaded up again and fired, but this time he didn't move at all. I commenced loading for a third fire, but the first thing I knowed, the bear was down among my dogs, and they were fighting all around me. I had my big butcher in my belt, and I had a pair of dressed buckskin breeches on. So I took out my knife, and stood, determined, if he should get hold of me, to defend myself in the best way I could ...

〔私がそこに着くと，犬たちが二股に分かれた大きなポプラの木にその熊を追い上げており，熊はその二股に座っていた。その姿は見えたが，月明りもないので，確実に撃つことができるほどはっきりと見えてはいなかった。... ついに私は当てずっぽうで撃ってそいつを仕留めようと考えた。できる限りそいつの方に向かって一発撃った。しかしその熊には当たらず，そいつはもっと高いところに登って，枝先に身を乗り出したので，そいつをよく見ることができた。弾を再び込めて引き金を引いたが，そいつは全く動かなかった。3 発目を込めようとしたとき，そいつが犬たちが群がる中に落ちてきて，犬たちが私の周りに集まってそいつと格闘し始めた。私は装飾されたバックスキンのズボンを履き，そのベルトには大きな解体用のナイフを付けていた。そこで私はそのナイフを持って立ち上がり決心した。もしあいつが私に襲い掛かってきたら，自分を守る最善の手は...〕

次は，『方丈記』からの引用である。

We often wonder how things are made so cheap among the Yankees. Come here and you will see women doing men's work, and happy and cheerful as the day is long, and why not? Is it not better for themselves and families, instead of sitting up all day busy about nothing? It ain't hard work, neither, and looked as queer to me as it would to one of my countrywomen to see a man milking the cow, as they do here.

〔我々は，ニューイングランド人の中でどのようにして物が安くつくられているのか疑問に思うことがよくある。ここに来てみれば，女性たちが男性の仕事

をしているのを見るだろうし，彼女たちが一日中幸せに元気よく過ごしている
のを見るだろう，本当だよ．何もせずに一日中座っているよりも，その方が彼
女たちやその家族にとって良いのではないだろうか？　その仕事は重労働では
ないし，男が牛の乳を搾っているのを私の故郷の女性たちが見れば不思議に思
うのと同じように，（この地での習慣は）私には奇妙に見えてしまう．〕

　次は，彼の戦いを描いた本『テキサス』からのサンプルで，熊と戦ったこ
とを思い起こさせる，ピューマとの戦いを記述した箇所である．

> ...there was no retreat either for me or the cougar, so I leveled my Betsey
> and blazed away. The report was followed by a furious growl, （which is
> sometimes the case in Congress,） and the next moment, when I expected
> to find the tarnal critter struggling with death, I beheld him shaking
> his head as if nothing more than a bee had stung him. The ball had
> struck him on the forehead and glanced off, doing no other injury than
> stunning him for an instant, and tearing off the skin, which tended to
> infuriate him the more. The cougar wasn't long in making up his mind
> what to do, nor was I neither, but he would have it all his own way,
> and vetoed my motion to back up. I had not retreated three steps when
> he sprang at me like a steamboat: I stepped aside, and as he lit upon
> the ground, I struck him violently with the barrel of my rifle, but he
> didn't mind that, but wheeled around and made at me again...I drew
> my hunting knife, for I knew we would come to close quarters before
> the fight would be over.

> 〔... 私にしてもピューマにしても退却という選択肢はなかったので，私は銃を
> 水平に構えて連射した．その発射音に猛烈な唸り声（ときどき連邦議会でも聞
> こえるが）が続き，次の瞬間，私がそいつが死にかけてもがいているのを期待
> したのに，蜂がそいつを刺したに過ぎないかのように，そいつが首を振ってい
> るのを見た．弾は，そいつの額をかすめていて，そいつを一瞬驚かせる以上の
> 傷にもならず，皮膚を引き裂いてしまったためにそいつをさらに激高させたの
> であった．私もピューマもどのように動くべきかをすぐに決めたが，そいつの
> せいで，私は後ずさりができなかった．私が３歩も後ずさりしないうちに，そ
> いつは蒸気船の如く私に飛び掛かってきた．私は横に動き，そいつが地面に落
> ちると，私はライフルの銃身でそいつを激しく叩いたが，そいつは気にせず，
> 地面を回って再び私に襲い掛かってきた... この戦いは接近戦で決着がつくだ
> ろうと思ったので，私は狩猟用ナイフを引き抜いた．〕

　他に何か，クロケットが書いたとされるものがあるだろうか？　連邦議会
での彼の発言があったが，当時は，連邦議会での発言をそのまま記録するた

表 14.1 非文脈単語で，これらの使用頻度はある文章の著者を特定するのに使われる。これらの接続する単語の使用は，文法構造における作者の無意識な使用を反映しているからである。

モステラーとウォレスによる非文脈単語				
upon	there	while	according	kind
also	this	whilst	apt	matter
an	to	always	direction	particularly
by	although	commonly	innovation	probability
of	both	consequently	language	works
on	enough	considerable	vigor	though

めの「連邦議会議事録」はなかった。彼の発言について我々の持っている情報といえば，記者たちの覚え書きかパラフレーズぐらいである。しかしながら，そのままを記録することを目的にした発言の一部分を見つけることは可能である。

　では，どのようにして，これらの本（と発言）の中から，伝説に残るほど有名なデイヴィー・クロケットの実際に書いたものであるかを見分けられるのであろうか？　フレデリック・モステラー (Frederick Mosteller, 1916–2006) とデイヴィッド・ウォレス (David Wallace, 1928–2017) が初めて，単語の使用頻度を見ることで異なる著者を識別したのである [1]。基本的なアイデアは，何かを伝えようと言語を使うとき，意味を成す文章を作成するために，重要な単語を前置詞，形容詞や接続詞と結合する必要がある，ということであった。モステラーとウォレスはこれら前置詞，形容詞や接続詞を「非文脈 (noncontextual)」単語と呼んだ。

　表 14.1 は彼らが非文脈単語を集めたリストである。これらの非文脈単語の使用は，ある人物の話したり書いたりするクセの本質的な部分となる。それらは，話し手や書き手が最適と思う方法でアイデアをつなげる接着剤のようなものであるから，意識せずに挿入されるものである。

　モステラーとウォレスは，1958 年の英語で書かれた出版物において，共通語の頻度を集めることからまず始めた。彼らは，マディソンとハミルトンの有名な文書で，これらの単語がどれほど使われているかを検証した。彼らはまた，ジェイムズ・ジョイスによる小説『ユリシーズ』における使用頻度も検証した。彼らがまとめた単語リストは，次の二つの基準と一致していた。

表 14.2 デイヴィー・クロケットが書いたとされる 3 冊および演説における最頻度の非文脈単語における使用頻度。

非文脈単語	1000 単語当たりの頻度			
	『人生の物語』	『方丈記』	『テキサス』	演説
also	0.75	0.32	0.41	0.51
an	2.63	2.21	**4.93**	2.54
there	3.75	4.90	3.43	1.52
this	4.75	5.22	**2.60**	7.10
to	36.79	33.21	**28.78**	30.93
both	1.00	0.47	0.14	0.00
while	1.13	0.63	0.68	2.54
always	0.13	0.79	0.55	0.00
though	0.25	0.00	**1.51**	0.00

太字は,『テキサス』が他の本とは有意に異なることを示している.

1. 一人の作者がある単語を使う頻度は,主題が変わったとしても,時間が経過しても変わらなかった。
2. これらの単語それぞれの使用頻度は,作者ごとに異なっていた。

どれか一つの非文脈単語の使用頻度で 2 人の作者を識別することは十分ではなかった。例えば,モステラーとウォレスは,マディソンとハミルトンによる作ではないかと言われている『ザ・フェデラリスト』の論文を識別するのにこの手法を使った。最初の分析で彼らは,単語 "whilst" がマディソンによって使われ,単語 "while" がハミルトンによって使われているのを,作者がわかっているものから見つけた。しかしながら,これは,どちらの作者が書いたのかを識別するには十分ではなかった,というのも,もともとこれらの単語は滅多に使われないものであり,争点となっている論文の多くでこれらの単語が一切表れていなかったからである。しかし,多くの単語の出現頻度を一つの統計モデルにまとめて,そのモデルを使って作者を識別するために使うことは可能である。

　私の娘であるディーナ・サルツブルグ・ボーゲルと私は,デイヴィー・クロケットのものであるとされた本や演説を検討して,デイヴィー・クロケットの作品と称するものを,9 つの非文脈単語の出現頻度による統計的分析で識別した。我々のプロジェクトの詳細なレポートは文献 [2] にある。表 14.2 は,『人生の物語』,『方丈記』,『テキサス』と,発言したとされるスピーチ

に現れる9つの単語における頻度を表している。この表からは，『テキサス』が，それ以外の3つと，an, this, to, though という単語の使用において異なっていることがわかる。

　ある与えられた単語の2つの頻度が同じ確率分布から生じているかどうかを決めるための統計的検定がある。表14.2にあるデータを用いて検定を行うと，4つの単語の使用頻度が『テキサス』と他の本とでは有意に異なっていたが，それ以外の単語の使用頻度では『テキサス』と他の本では有意に異なっているとは言えなかった。

　このことから，アラモで死んだか殺されたかしたデイヴィー・クロケットは，聖廟の壁に額に入れられた彼の本のページがあるにもかかわらず，その最後の旅の記録を残していなかったのである。

　我々が，*Chance* 誌にこの発見を記した論文を投稿したとき，その編集者は，誰が『テキサス』を書いたのか，を知ることができるのであろうか，ということを知りたがった。1840年代に書かれた（良いも悪いも含めての）本は，かなりたくさんあった。これらの大半は壊されたり，辺鄙な図書館の裏の棚に置かれている。そのため，有名な文家による代筆だったかどうか，に答えることは期待できないだろう。しかしながら，我々は挑戦してみた。『テキサス』と，2人の優れた当時の作家たち，ジェイムズ・フェニモア・クーパーとナサニエル・ホーソーンによる作品とを比べたのである。その結果，クーパーとホーソーンは同一人物ではないと結論付けることができた。彼らのどちらかがクロケットの『テキサス』を書いたかどうかに関しては否定的な結果となった（表14.3を参照のこと）。

まとめ

　デイヴィー・クロケットは3冊の本を書いたとされている。1冊目は1834年の連邦議会の選挙のために書かれた自叙伝であった。2冊目はニューイングランドの製造工場を巡る旅を描いたものであった。3冊目が，テキサスに向かいアラモの戦闘で死んだことが書かれたと称される日記『テキサス』であった。最後の本は，彼の最後の旅路を記述しており，長らく歴史家の間で疑義を持たれていた。（モステラーとウォレスが開発した）非文脈単語の出現数に基づいた統計的手法を，3冊の本と彼の演説を比較するのに用いた結

表 14.3 クロケットによるとされる『テキサス』とクーパーおよびホーソーンの作品における非文脈単語の使用頻度。

非文脈単語	1000 単語当たりの使用頻度		
	『テキサス』	クーパーの作品	ホーソーンの作品
upon	2.47	**0.22**	1.95
also	0.41	0.22	0.98
an	4.93	2.69	3.90
by	3.70	**7.17**	5.85
of	30.29	**44.11**	**62.90**
on	5.07	6.94	4.88
there	3.43	**1.34**	3.90
this	2.60	**3.05**	**7.31**
to	27.78	27.54	29.74
both	0.14	**2.24**	0.49
while	0.69	0.45	0.49
always	0.55	0.22	1.46
though	1.51	1.34	**4.88**

太字は，『テキサス』がクーパーやホーソーンと有意に異なることを示している。
私はこの分析方法をヘブライ語聖書に適用して，その結果を参照文献 [3] にまとめた。

果，3 冊目の本『テキサス』は他者による代作であることがわかった。

参考文献

[1] Mosteller, F., and Wallace, D.L. (1984) *Applied Bayesian and Classical Inference: The Case of the Federalist Papers*, 2nd Edition, New York, NY: Springer-Verlag.

[2] Salsburg, D., and Salsburg, D. (1999) Searching for the real Davy Crockett, *Chance*, **12**(2), 29–34.

[3] Salsburg, D. (2013) *Jonah in the Garden of Eden: A Statistical Analysis of the Authorship of the Books of the Hebrew Bible*, available at: amazon.com (as an e-book).

第15章

偽造された数を見破る

　ヘブライ語聖書（旧約聖書）は，紀元前の1000年以上の長きにわたって行われてきた口頭伝承および写本伝承を踏まえてまとめられたものである。紀元70年のローマ軍によるエルサレム神殿の破壊によってもたらされたユダヤ社会の変化などを踏まえ，ユダヤ教のラビたちが聖典と認めた文書を整理し，紀元1世紀末（90年代頃）に現代の形のヘブライ語聖書にまとめられた[†]。

　ラビたちは，ほとんど同じだがいくつかの違いのある膨大な写本に向き合った。それらの文書は聖典化の過程に関するはっきりとした記述を残していなかったが，タルムードには，なぜいくつかの文書が聖典とならなかったのかを示す記述はあった。というのも，それらの文書は，大抵の場合，手に取った本がオリジナルの正確な内容を伝えているとは考えられなかったし，はたまた手許にはヘブライ語ではなくアラム語訳の本しかなかったからであった。これは，ラビたちが文書の出所を疑ったので，それらの文書が残らなかったことを示唆している。

　ヘブライ語聖書の初期バージョンは紀元前250年頃ギリシャ語に翻訳され

[†] 訳注：原著者の思い違いと思われる表現および誤植があったため，通説に沿って原文から内容を修正している。

た。この本は，推定で 70 人の学者グループによって翻訳され，エジプトにおけるユダヤ人グループ（その多くがヘブライ語を読んだり話したりできなかった）のために書かれたことから，七十人訳聖書と呼ばれている。

七十人訳聖書の中の 13 の巻が，ヘブライ語聖書から最終的に認められないものとして外されている。これらの 13 巻に加えて，七十人訳聖書にはエステル記の部分に膨大な加筆がなされたが，最終的な聖書には採用されていない。我々はただ，なぜこれらの文書が最終的な聖書に含まれなかったかを推測するだけである。最終結果に言及したタルムードにおけるいくつかの文章を私が読んでみると，タルムードのラビたちは，古い時代に言及したたくさんの文献にはかなりの偽造が含まれていることに気づいていたように思われる。与えられた文書の信憑性を決定するために，ラビたちはその文書で言及されている古い参考文献を頼りにして，疑義のある文書とその他の文書との差異を見ていたようである。例えば，ユダヤの預言者エゼキエルによる文書は大抵が排除された。というのも，エルサレムの神殿における儀式の生贄に関する預言者の記述が，旧約聖書のレビ記に記された生贄の詳細と一致していなかったからである。その論及は，「徹夜をして」細かい言語のねじれを見つけるのに 2，3 個のインク壺を費やし，2 つの記述を照合した一人のラビによってなされた。

七十人訳聖書にはあるが最終的なヘブライ語聖書に残らなかった文書は，外典として集められており，それはキリスト教正統派のある教派によって聖書の一部として考えられているのである。

外典における 2 巻は預言者エスドラスによる書で，大抵の聖書学者が，エスドラスを預言者エズラと同一人物と認識したのであるが，エズラ記は正典として残されている。2 巻からなるエスドラス書は正典となったエズラ記，ネヘミヤ記，そして歴代誌にある内容を含んでいるのであるが，なぜタルムード期のラビたちがエスドラス書を拒否したのかは明らかに別の理由があった。

第一エスドラス書 5 章 1 節～43 節において，バビロン捕囚からエルサレムに神殿を再築するために帰国したユダヤ人の詳しい話がある。そこでは，43 のグループもしくは氏族が帰国したことが書かれているが，その各グループや氏族に何名いたかが細かい数字で記されている。また，馬，ラクダ，ラバ，ロバの数も列挙されている。全体では 47 の数字となるが，それらの数字は

表 15.1　第一エスドラス書によるエルサレムに神殿を再築するために帰国したユダヤ人
グループや氏族の人数。

第一エスドラス書による帰国者数			
パルオシュ	2172	ベタスモン	42
サファト	472	キリヤト・エアリム	25
アラ	756	ケフィラ	743
パハト・モアブ	2812	カディアサイ	422
オラム	1254	キラマ	622
ザト	945	マカロン	122
コルベ	705	ベトリオン	52
バニ	648	ニフィス	156
ベバイ	623	カラモ	725
アスガド	1322	エリコ	345
アドニカム	667	セナア	3330
ビグワイ	2066	イエド	972
アディン	454	イメル	2052
アテル	92	パシェフル	1247
キラン	77	ハリム	1017
アズル	432	イエシュア	74
ハニア	101	詠唱者	128
ベツァイ	323	門衛	139
ハリフ	112	神殿の使用人	372
ベテルス	3005	ダラン	652
ベトロモン	123	ラクダ	435
ネテバ	55	馬	7036
エナト	158	ラバ	245
		ロバ	5525

すべて細かい。以下のような言い回しである。

　　… バニの子孫 648 名，ベバイの子孫 623 名，アスガドの子孫 1322 名 …

　表 15.1 は，エスドラス書に記された各氏族の帰国者数である。表 15.2 は，
一の位の数字の度数である。最後の数字が「2」となるのが非常に多くある
のに，「0」となるのは 1 回だけである。

　誰かが座って頭に浮かぶ数字を書くとき，どんなに本人が場当たり的に，
すなわち「ランダムに」数字を書いたとしても，「数字の好み」として知られ
る心理現象が出てくる。誰でもある数字を他の数字よりも好む無意識下の傾
向を持っているのである。実際，もしもエスドラス書に引用された数字が実

表 15.2 表 15.1 における一の位の数字の度数。もしデータがリアルなものであるなら
ば，一の位の数字は 0 から 9 までどの数字も一様に分布しているはずである。

第一エスドラス書による一の位の数字の度数		
一の位の数字	期待度数[a]	観測度数
0	4.7	1
1	4.7	1
2	4.7	16
3	4.7	4
4	4.7	3
5	4.7	10
6	4.7	4
7	4.7	4
8	4.7	2
9	4.7	1
確率		0.0003[b]

[a] すべての一の位の数字が等しく表れるとしたときの期待値
[b] このパターンがランダムに起きる確率

際の調査から得られたとすると，最小桁の数字，すなわち一の位の数字は完
全にランダムなはずである。これは，米国国立衛生研究所 (NIH) で使われて
いる，偽造の可能性のあるデータを識別する技術のもとになっている。

エスドラス書には 47 の数字がある。これらのうち一の位の数字が「2」と
なるのは 16 個，「5」となるのは 10 個，「1」「9」となるのはたった 1 個しか
ない。どの数字も同様に起こりえたとするならば，各数字は 3〜6 個程度に
なるはずであった。もしもデータが真の数字であるならば，これらの期待度
数との大きな差異が起こりうる確率は 0.04％以下と計算できる。もし誰かが
NIH でこれらの数字を用いて報告書を提出したとしたら，不正行為であると
宣言されるであろう。

どうしてエスドラス書の記述者はわざわざそんな細かい数字を表そうとし
たのだろうか？　もし記述者が「バニの子孫が大体 650 名，ベバイの子孫が
600 名ぐらい，アスガの子孫は 1300 名以上...」などと記載していれば，この
ようにデータの偽造が見破られることはなかったであろう。

幸運な英国の兵士である T.E. ロレンスは著書『知恵の七柱』でなしうる
解答を与えている。第一次世界大戦中，ロレンスは中東を旅して，同盟に参
加しオスマン帝国と戦うような地域部隊を探していた。彼は砂漠の族長と頻

繁に会って，その族長から426人の武装した兵士を送ることができると言われたが，その兵士を集めるときが来ると，古いライフルを持った6，7人が現れただけであった。

　その族長はウソをついたのであろうか？　最初ロレンスはそう考え，見込みのあったはずの同盟の多くがなぜ思うようにいかなかったのか不思議に思った。そして，彼はその族長が意図的にウソをついたわけではないことに気づいた。族長の文化では，数字が，我々が現代の科学的な世界で使うときに必要とされるような正確な意味を持っていなかったし，数字は発言を誇張するための一形態であった。それは数字をより細かく見せれば見せるほどに，より大げさな発言になっていくというものである。ロレンスが取り組まなければならなかった文化は，多分にエスドラス書の記述者がエルサレムへ帰国する氏族の人数を，純粋に架空の数字ではあっても細かく記述せざるをえなかった文化と同じものであったろう。

　聖典と認められたヘブライ語聖書に現れるいくつかの数字を検証してみよう。民数記（1章1節～47節と26章1節～63節）において，モーゼとアロンはイスラエル人たちの中で闘志あふれる人数の調査を行った。この調査は二度行われ，一回目はエジプトを脱出するときに，二回目は聖地に到着する直前であった。彼らは，「20歳以上の」兵士の人数を報告したが，どちらの調査でも，約60万人いると計上された。どのような地域でも普通は少なくとも男性と同じくらいの女性がいるし，この数字には20歳未満の男性は計上されていないため，20歳以上の兵士が60万人であれば，エジプトから脱出したイスラエル人は150万人以上いたと考えられる。

　生物集団における個体数の増加というのは，それがバクテリアであろうが狐であろうが人間であろうが，指数関数的成長として知られる数学的モデルに従っている。世界の人口が有効に推測できる時代を調べれば，モーゼの時代とエジプトから脱出した時期まで遡ってその成長をグラフにして推測することができる。出エジプトの時代における世界全体での人口を推測すると，一番良い推定値で約5000万人となる。

　地球に生存した人間が約5000万人と推測される時代に，エジプトで奴隷となっていたイスラエル人が150万人もいたというのは，信用できないように思われる。この5000万という数字は，地球全体で考えたものであり，ア

表 15.3 民数記における，イスラエル人の中での兵士数に言及している2つの箇所での千と百の位の数字の度数。百の位の数字は偽造らしいが，千の位はそうではない。

位の数	期待度数[a]	百の位	千の位
民数記における兵士数での各位の度数			
0	2.6	1	1
1	2.6	1	2
2	2.6	4	5
3	2.6	1	4
4	2.6	**6**	2
5	2.6	**6**	2
6	2.6	5	3
7	2.6	2	3
8	2.6	**0**	3
9	2.6	**0**	1
確率		0.028[b]	0.852[b]

[a] どの数字も等しい確率で現れるとしたときの期待度数
[b] このパターンがランダムに起きたとしたときの確率

ジアからヨーロッパまで，太平洋からアフリカを経て大西洋までの全体である。その時代に，エジプトに50分の1が暮らしていたと考えるのは過大評価であろう。しかし，その誇張された数字でさえ，100万人のエジプト人によって150万人のイスラエル人が奴隷とされていたことになり，ほとんど起こりそうにない状況であることを意味している。民数記から得た調査数はどれほど有効なのであろうか？ 表15.3は，文献[1]の調査で得られた千と百の位の数字の度数を表している。

各氏族における兵士数は，（そこかしこにある50個近くの）最も近い百の数字で報告されていた。もし我々が百の位だけに着目すると，2つの調査を合わせた26個の数字のうち，「8」と「9」の数字が全くない半面，「4」と「5」の数字はそれぞれ6個もあった。どの数字も同様に現れるとしたときからの差異は，ランダムに起こったとすると3％ほどの確率となる。

しかしながら，千の位の数字については，異なっている。どの数字も現れており，5個より多い数字は一つもないのである。この出現頻度は，どの数字が現れるのも同様に確からしいとしたときに普通に起こりうるものになっている。

つまり何を意味しているのであろうか？ ヘブライ語の "elef" は千を意味

するが，必ずしもぴったり 1000 となる数を意味していなかった。紀元前 6世紀（出エジプトから約 1000 年後）に生きたイザヤによる第二イザヤ書として知られる預言書では，曖昧な大きさの家族グループの言及に "elef" という単語を使っていた（イザヤ書 60 章 22 節を参照のこと）。そうすると，この単語で兵士の一団をかつて言及していたと信じるに値するだろう。もし，古代の兵士団において，兵士のグループが現代の兵士団における最小単位である分隊のようなものであるならば，調査の結果は，60 万人の兵士ではなく 600 個の分隊（各分隊で 5 人から 10 人）を表していた可能性が強い。すると，600 elifim† という意味は，3000 から 6000 人の兵士ということになるが，依然としてかなり手ごわい兵士団となるであろう。しかし，このことにより，エジプトから脱出したイスラエル人は 12000 人から 13000 人ということになる。

　その百の位の数字，偽造された数字は，一体どこから来たものであろうか？　初期の民数記は，おそらく文書になる以前はまとまっていた内容を口頭で伝承されていたと思われる。口頭伝承からわずか 100 年足らずで，民数記は書かれ始めた。しかし，羊皮紙とパピルスはそれほど耐久性がなく，20年間程度繰り返し読まれた後，次から次へと写本がつくられていった。この書き写される際に，文字が当初，フェニキア語バージョンだったものが，最終的にアラム語のアルファベットに変わっていった。擦り切れたような古い民数記の写本から何千もの単語を筆写する書記が，一書きごとに彼のペンをインク壺に浸すことを想像してみてほしい。当然ながら間違いは忍び込む。文字や単語であっても，無意味な場所に挿入されたり省かれたりするだろう。もし初期の写本において，旧約聖書が書き換えてはならない神の言葉と考えられなかったとしたら，書記の一人が文面を「改良」しようと，百の位を加えることによって美辞麗句に富んだものにしようとする誘惑におそらく駆られただろう。というのも，その頃までには，"elef" という単語は，すでに兵士団としての本来の意味を失っていたからである。

　偽造データの顕著な特徴として位の数の傾向は，伝統的な古い文献だけに制限されない。参考文献 [2] で示されているように，第三世界諸国における調

---

† 訳注："elifim" は "elef" の複数形である。

査報告は，調査の数字が実際に計測された数字というよりも官僚の机で作成されたと思われるような，位の数のかなり強い傾向が見受けられる。あるアフリカでの調査結果の有効性に対する疑問は第 17 章で再び扱うことにする。

まとめ

　旧約聖書外典における第一エスドラス書は，バビロン捕囚の後に神殿を再建するためにエルサレムに帰国した各氏族の人数のリストにおいて，ウソのデータの例が示されている。それぞれの位の数字の傾向というのは，自覚しない心理的な特徴である。「ランダムに」数字列を書くように言われたとすると，大抵の人は，ある数字を避けるような傾向が表れ，他のある数字を繰り返しがちである。エスドラス書における帰国者数は，位の数字の傾向の好例となっている。聖書における他の数字は，民数記にあり，それはエジプトを脱出したイスラエル人の中の兵士数の統計である。それらは，百の位までの数字が示されており，その数字には偏った傾向があった。しかしながら，千の位の数字にはそのような傾向はなかった。我々が千と訳すヘブライ語の "elef" の本来の意味の一つは 5 人程度の分隊を意味していたので，千の位の数字が適切にランダムであることがわかれば，2000 年以上前に聖書を書き写した際に誰かが，数字をもっと「正確に」見せようと百の位を加えたのではなかろうかと推測されるのである。

参考文献

[1]　Salsburg, D. (1997) Digit preference in the Bible. *Chance*, **10**(4), 46–48.
[2]　Nagi, M.H., Stockwell, E.G., and Snavley, L.M. (1973) Digit preference and avoidance in the age statistics of some recent African censuses: Some patterns and correlates. *Int. Stat. Rev.*, **41**, 165–174.

第 16 章

秘密を暴く

　1941 年 2 月 12 日，ある艦隊がイタリアから地中海を横切っていた。リビアで英国と戦っているイタリア軍の援軍としてドイツ機甲部隊を送り込むためであった。エルウィン・ロンメル将軍の指揮の下，ドイツ第 15 機甲部隊には，砂漠での戦闘向けに特別製造された新型のドイツ軽戦車が送り込まれた。英国はまもなく地中海を封鎖して枢軸国の戦力強化を阻止することができるようになったが，新型ドイツ軽戦車はすでにそこに配置されていた（図 16.1）。

　初期の小規模な戦いから英国は，このドイツの砂漠仕様の軽戦車が，英国が持っている戦車よりも非常に優れていることを学び，今後起きうる大規模な戦車での戦いで多分敗北するであろうと気づいた。そこで，英国はリビアから撤退し，エジプトの国境上の要塞へと移動した。英国は，消耗戦を始めた。リビアの砂漠にある隠された基地から戦闘機を使って奇襲攻撃をし，できる限り多くの新型ドイツ軽戦車を攻撃しようとした。もし十分な数のドイツ軽戦車を破壊できたならば，総攻撃をしかけて結果的に戦車戦に勝利することができたであろう。

　しかし，ロンメル将軍はどれほど多くの砂漠仕様の軽戦車を持っていたの

図 16.1 北アフリカでの戦闘を指揮するドイツのエルウィン・ロンメル将軍 (1891–1944)。
どれほどの軽戦車をロンメルは持っていたのであろうか？(Shutterstock.com
提供)

であろうか？　どのくらい破壊できれば英国軍にとって総力戦を勝利するの
に十分と考えられるのだろうか？

　ドイツ軍が持ち込んだ戦車の数は軍事秘密であったが，英国側の分析家は，
これらの戦車には製造工場で連続した製造番号が付けられていたことを知っ
た。なんとか破壊した軽戦車の製造番号を使うことで，製造された軽戦車の
総数を推測することはできないだろうか（というのも，この種の軽戦車のほ
とんどがアフリカ戦線に送られていたから）？　英国のスパイたちがドイツ
国内で情報源を探ることによって，製造された軽戦車の台数を見つけようと
する一方で，分析家たちは，それまでに破壊された軽戦車の製造番号をリス
トアップして，統計的モデルを使った。

　もしあなたが順序よく並んだ数字の集合を持っているとして，その集合
からランダムに数字を選んだとすると，その集合における最大値と最小値
の一致推定値を計算できる。ゴットフリート・ネーター (Gottfried Noether,
1915–1991) は，1976 年に出版されたノンパラメトリック統計に関する書籍
[1] に，この手法を記した（ロンメル将軍の軽戦車の話も）。

　ネーターの例でいうと，誰かがタクシーを止めようとし，通り過ぎるタク
シーがどれもすでに客を乗せていたとすると，タクシーの番号からその街に
どれほど多くのタクシーがいるか，を算出することができるのか？　という

問題を提案した。観測されたタクシーの番号は以下の通りとする。

$$322, 115, 16, 98, 255, 38$$

並べ替えると以下の通り：

$$16, 38, 98, 115, 255, 322$$

数字の間隔は以下の通り：

$$38 - 16 = 22$$
$$98 - 38 = 60$$
$$115 - 98 = 17$$
$$255 - 115 = 140$$
$$322 - 255 = 67$$

これらの間隔の中央値をとる（この場合は，$60 = 98 - 38$ が中央値となる）。

タクシー番号の最大値の一致推定量は，観測値の最大値と上記の中央値の和 $(382 = 322 + 60)$ となる。

この方法を使って，英国軍の分析家はドイツ軍戦車の製造番号の最大値と最小値を推測し，ロンメル将軍が指揮下に配備している戦車の総数の最大数を得た。結局のところ，ドイツの戦車製造工場による製造番号の構造化された用心深い番号付けが，隠された軍事秘密を暴いてしまったのである[†]。

エイブラハム・リンカーンはアメリカ合衆国で奴隷を解放したかもしれないが，奴隷制はなくならなかったし，世界中で 21 世紀に入っても奴隷制は残っている。2000 年から 2012 年にかけて，およそ 2500 ものの異なる報告により，異なる国々における強制労働等の調査が報告されている。2012 年に国際労働機関 (ILO) は，これらの調査を使って，世界中にいる奴隷の総数を推測しようとした。

これらの調査には二つの問題があった。一つ目は，調査が必ずしもすべての奴隷を含んでいないということ，二つ目は，4 つ以上の調査結果に現れる

[†] 訳注：実際に，ドイツ軍による戦車の生産台数と照合した結果，この推定値の精度が高かったことが知られている。

46 個の地域がいくらか重複しているということである。ILO のアナリストたちは，この問題を解決するために生態学の統計的手法を用いて，世界中で奴隷もしくは強制労働下にある人々が 2090 万人いると推測することができた。

あるエリアにおける野生動物のある種（ここでは狐にしよう）の総数を推測する問題を考えよう。捕獲再捕獲手法は 1959 年に初めて提案され，生態学者たちによって，このような計数に対して，用いられてきている。この一番簡単な方法は，ある日の特定の時間に動物の群れを捕獲し，印をつけて放し，別な日の特定の時間に戻ってきて他の動物の群れを捕獲することである。最初の日に捕獲した 50 頭に印をつけたところ，2 回目の日に捕獲した 50 頭のうち 10 頭に印があったとしよう。そのエリアでの狐の総数を粗く見積もると，2 回目で 1/5 の動物に印があったことから，捕獲される確率は 20% となり，最初に捕獲した 50 頭が全体総数の 20% とすると，総数は $250 (= 5 \times 50)$ 頭と推定することができる。

1950 年代における初期の論文から見れば，捕獲再捕獲手法は洗練されたものになってきている。この統計的モデルは，動物の数を数える中での出生率や死亡率を記述するパラメータを含んでいる。捕獲再捕獲手法は，ある期間における多くの捕獲行為に対するモデルを含んでおり，動物のフンや，動物が餌をとりに来るときに稼働するカメラや，エサとなる昆虫の集まりといった間接的な目印を生態学者たちが使えるようにしている。

ILO は，多くの奴隷をチェックして報告書に何度も現れる奴隷の名前の頻度を調べるという，洗練された捕獲再捕獲モデルの一つを使用した。そうすると，1 回だけリストに現れる名前のリスト，2 回だけリストに現れる名前のリスト，3 回だけリストに現れる名前のリスト，というようにリスト化できる。リストに現れない名前の個数は欠損しているが，狐の総数が 2 回の捕獲再捕獲行為から推定できたように，重複して現れる人数から推測することが可能なのである。手法の完全な記述に関しては文献 [2] を，ILO の報告に関しては文献 [3] を参照のこと。

まとめ

統計モデルによって見破ることのできるようなデータの規則性があると，秘密が暴かれる可能性がある。統計的手法は，押収した戦車の製造番号に基

づいてドイツ軍のアフリカ戦線における戦車の総数を推定するのに使われた。生態学における捕獲再捕獲手法は，ILO によって 21 世紀の世界に存在する奴隷の総数を推測するのに使われた。

参考文献

[1] Noether, G.E. (1990) *Introduction to Statistics: The Nonparametric Way.* New York, NY: Springer Tests in Statistics.
[2] Bøhning, D. (2016) Ratio plot and ratio regression with applications to social and medical sciences. *Stat. Sci.*, **31**(2), 205–218.
[3] ILO (2012) *Global Estimate of Forced Labor: Results and Methodology*, Geneva: International Labor Organization.

第17章

誤差，大間違い，虚偽報告

　あなたは，高卒の失業率が恒常的に 60％である開発途上国のある国で最近高校を卒業したばかりとしよう。あなたの叔父は政府の国勢調査局で働いており，次回の国勢調査での調査員としてあなたにアルバイトを持ちかける。調査用紙の束を渡され，首都の担当する地区へ送り出される。あなたは各戸をノックして，その家庭で最も年上の人物にインタビューして，5 ページにわたるアンケート用紙に記入してもらわなければならない。その質問用紙には，家族の人数，年齢，性別，職業の記入欄があり，加えて健康状態，寝室の配置，家電製品のタイプ，窓の数，その他に政府の誰かが表に加える価値があると判断した項目がある。あなたは読み書きができない回答者がいる家庭が多いということを知らされており，質問用紙に回答するのを手助けする必要があるだろう。あなたが割り当てられたその地区は，首都の中でも最も危ない地区で，毎日 2，3 件の殺人事件があり，狭い路地には威嚇するような目つきの若者がたむろしているとしよう。

　あなただったらどうするか？　真面目に各戸をノックして質問用紙に回答してもらうか？　それとも，車の座席に座って，あなたがランダムだと考える方法で回答項目を埋めて訪問したとウソをつくか？　調査員が後者を選ん

だ場合に，これは「虚偽報告 (curbstoning)」と呼ばれ，調査員が道の縁石 (curbstone) に座って回答項目を埋めてしまい，各戸への訪問はしないことを連想させる。そんなデータの偽造行為が常に，調査や国勢調査で問題になっている。アメリカ合衆国のセンサス局と労働統計局は虚偽報告を見破るためにいくつかの方法を開発してきた。彼らは，調査されたと思われる対象者の一部をランダムに選び，再調査している。調査員が疑わしいならば，その疑わしい調査員によって回収された調査票を排除すれば，ランダムに選ばれた調査票の質は改善するだろう。調査票の不一致性（収入のない家族が先月冷蔵庫を買っていた，など）を調べるのにコンピュータプログラムが使用される。一つの試みとして，外れ値を同定するために作られた手法がある。調査票から一つの項目（例えば世帯収入）を選び，これらを最小値から最大値まで並べ直し，それらの差を調べるのである。その差はある特定の確率分布に従うものであり，もし差の最大値が期待値よりも大きくなっていると，その調査票にフラグが立てられる。労働統計局はベンフォードの法則を使って調査するのである。これは，実証的事実で，千以上の数において，先頭の数字は，1 から 4 のどれかの数に集中している傾向を持っているというものである。

　大抵のデータ偽造者と同じように，虚偽報告する調査員は普通，データがあまり散らばりを持たない（分散が小さい）ように調査票を作成する。偽造データを見破るもう一つの統計的手法は，ある特定の調査員による調査報告が同じ結果となる回数の割合，すなわち一致する値の割合を調べることである。最終的に，2 つの異なる担当地区における調査報告が同等な散らばりを持つかどうかが比較される。

　しかし，誠実に答えた結果に注目するような文化的な環境というものもある。これらは 大間違いに分類され，異なる統計的確率分布からのデータと見なされる。あるアフリカの国々では，子供たちは十分成長するまでは人としてカウントされないので，年齢分布を確認することでこれらの調査報告には虚偽報告を示す印がつけられる。あるアジアの国々では，共同体の調和を何よりも優先するので，回答者は皆同じ回答をしてしまう。こんなことが起こると，報告された回答に対してコンピュータが確認して印をつけられる。

　1982 年から 1987 年にかけて，アメリカ合衆国のセンサス局は，偽造が疑われるような調査員からのデータを検証した。調査局は，それぞれの調査員

の特徴を得るためにロジスティック回帰モデルを適用し，虚偽報告に対して予測した。一番重要な特徴は，地区調査員が調査局で働いてきた時間の長さであった。虚偽報告する調査員の傾向は，地区調査員になって1年未満の人たちであった。センサス局と労働統計局によって使われた統計的手法の詳細は文献 [1] を参照せよ。

ワシントンD.C. にある世論調査機関であるピュー・リサーチセンターは，世界中の人々の世論や行動を表にまとめる調査のスポンサーになっている。2016年1月，プリンストン大学の N. クリアコーズ (Noble Kuriakose) とミシガン大学の M. ロビンス (Michael Robbins) は，アフリカでの（多くはピュー・リサーチセンターによって資金提供された）1100個の調査を使ってデータの検証を行った論文を出版し，1100個の調査のうち20%は大量の偽造データによって汚染されたと発表した。

彼らはモンテカルロ法とともに開発してきた統計的検定の手法を適用した。この研究では，100項目を持つ質問票を用意し，各項目は「はい」か「いいえ」で答えるものとした。彼らは，「はい」と「いいえ」が同程度になるような（架空の）「回答者」を1000人分用意し，この試行を10万回繰り返した。それらの試行結果のうち，2項目以上の回答が一致している回答者の割合を計算した。このデータが，ワイブル分布と呼ばれる広く品質管理で使われる確率分布の一種に当てはまったのである。

ワイブル分布は，1951年にスウェーデンの技術者であるワロンディ・ワイブル (Waloddi Weibull, 1887–1979) によって再発見されたことに由来している。それは，最初1927年にフレッシェ (Frechet) によって発見され，証明されたものの使われることなく，広大な数学的定理の中に埋没していた。ワイブルはそれを品質管理で使い，他の技術者が読む雑誌に彼の結果を発表したのである。

モンテカルロ法によるシミュレーションを10万回行って1回も，回答の85%以上が一致する2人の回答者が出現することはなかった。適合したワイブル分布では，85%以上一致する確率は，20分の1未満と予想された†。彼らはこれを使い，虚偽報告した調査員によって調査が汚染されているのか

---

† 訳注：論拠は参考文献 [2] であるが，そこではグンベル分布が使われており，ワイブル分布への言及はない。また，[2] による報告をもとに，一部原著から説明を修正している。

否かを検定した。すなわち，与えられた調査において，回答のうち85%以上が一致する調査票があれば，彼らは，調査票が偽造データによって汚染されたと宣言したのである。それらの検定によって，検査した1100個の調査において，1/5の割合で信用できないと印がつけられた。彼らの論文は文献[2]を参照のこと。

前章で，我々は偽造データを見破るために，上手に作られた統計的検定の使用を考えた。クリアコーズとロビンスの検定は，一の位の数字の頻度というような数字の傾向や一様分布からの逸脱という上手に作られた心理学的な現象を基礎にしたのではなく，人工的な調査票を作成するモンテカルロ法による成果を基礎にしていた。現実の調査票は，100個の独立した「はい」か「いいえ」で答える質問より複雑である。多くの場合，連続した質問は関連しており，独立ではない（それらはモンテカルロ法でも同様である）。

ピュー・リサーチセンターは，クリアコーズとロビンスの論文に影響されて，彼らが確かに偽造しているとしていた過去のデータを調べてみたが，偽造とは判断されなかった。彼らは，多重線形回帰モデルを実行し，調査票の色々な特徴を持つ関数として，回答が一致している割合を調べたのである（文献[3]を参照のこと）。85%以上の項目が一致した調査票が現れる割合は，項目数と相互に関連する項からなる関数であった。調査票の質問事項が多くなればなるほど，2つの調査票が2個以上の項目で同じ回答となる確率が大きくなるのである。

これを書いている時点では，クリアコーズとロビンスが真の問題を見つけたかどうかに関して，一般的な見解の一致があるわけではない。しかしながら，独裁国家や「終身元首」が統治する国家による公的な経済や調査報告は，偽造データ，数字の傾向，散らばりの少なさ，あまりにも同じ数字が多いといったすべての特徴がしばしば見られることが，1970年代の研究で示された。このことは，ロシア・ソビエト連邦社会主義共和国や毛沢東が率いた中華人民共和国，スカルノ大統領による独裁国家であったインドネシアと同様である。偽造された公的統計は，特に閉鎖的な社会において横行しているように思われる。これはまた偽造する調査員でも事実であろうか？

この例は，詐欺を見抜く上での統計的モデルの弱点の一つを示している。手元にある問題に対して適切であるとあなたが仮定する，誤差に対するある

モデルから始めよう。次に，期待するモデルからの逸脱に敏感であるべき，データのある特徴量を表す確率分布を生成するだろう。数字の傾向とか散らばりの少なさは，ごまかしのよく知られた兆候であり，偽造に関連したランダムでないパターンのこれらのタイプを見破る，洗練された統計的検定が存在している。

クリアコーズとロビンスは，偽造を見破るのに，確立されていた統計的アプローチを使わなかった。その代わりに，その問題に適切だと彼らが主張する新たな誤差分布を提案し，その性質を検定するための確率分布を生成した。彼らは，検定されるべき性質（2個以上の項目で一致する調査票の割合）が，実際に，偽造されたことが知られているデータと，適切であると知られているデータとが識別可能であることを示そうとして，失敗していた。ピュー・リサーチセンターの研究者たちは，誤差分布におけるクリアコーズとロビンスのモデルは，調査票が非常に長いものであるときや相互に関連する項目が調査票に含まれるときに適切ではないと考えていた。

一般的な国家では，命に関わる現代医療の恩恵を享受できるほど十分に豊かになると，その人口は指数関数的に増大することを止める傾向にある。多くの子供が大人になるまでに死んでしまい年取った親を助けることができないような場合は，家族は多くの子供を産む。すべてかほとんどの子供が死ななくなると，産まれる子供は少なくなる。富が最大の避妊薬であるという事実を用いて，人口統計学者は，開発途上国が豊かになればなるほど，世界の総人口が，今世紀の半ばには70億人と安定するであろうと，長らく信じてきた。

人口における富の一般的な効果にもかかわらず，アフリカの人口は急増し続けている。このため現在は，世界人口は100億人で安定するだろうと推定されている。これは本当であろうか？　アフリカの人口は予期せぬ急増なのであろうか？　それとも偽造されたデータの効果を我々は見ているのであろうか？

まとめ

国勢調査や経済調査における大きな問題は，調査の項目を質問する調査員が多くの回答を偽造するかもしれないということである。これは「虚偽報告」

と呼ばれる。アメリカ合衆国のセンサス局と労働統計局は，全項目に回答の
ある調査票における外れ値や不一致性を調べる統計的検定を開発し，インタ
ビューされたと考えられる項目からランダムに部分集合を作成し，本当にイ
ンタビューされたものかどうかを検証するのである。クリアコーズとロビン
スは，アフリカでの1100個の調査——それらのほとんどはピュー・リサーチ
センターによって後援を受けたものを検証した。モンテカルロ法を使った彼
らの提案する検定を用いることで，調査の20%が「虚偽報告」で汚染されて
いたと彼らは主張した。ピュー・リサーチセンターは，自身で多重線形回帰
モデルを適用して，クリアコーズとロビンスによる検定の有効性に関して疑
義を表した。アフリカの人口において予期せぬ急増をしており，人口統計学
者は，それが今世紀の世界の人口増加の推定値を押し上げている原因とした。
それは，現実に急増であったのか，もしくは虚偽報告だったのであろうか？

参考文献

[1] Swanson, D., Cho, M.J., and Eltinge, J. (2003) Detecting Possibly Fraudulent or Error Prone Survey Data Using Benford's Law, presented at the 2003 Joint Statistical Meetings. Available at: https://www.amstat.org/Sections/Srms/Proceedings/y2003/Files/JSM2003000205.pdf.

[2] Kuriakose, N., and Robbins, M. (12 December 2015) Don't get duped: Fraud through duplication in Public Opinion Surveys. *Stat J IAOS*. Available at: http://ssrn.com/abstract=2580502.

[3] Simmons, K., Mercer, A., Schwarzer, S., and Kennedy, C. (2016) Evaluating a New Proposal for Detecting Data Falsification in Surveys. Available at: https://www.pewresearch.org/methods/2016/02/23/evaluating-a-new-proposal-for-detecting-data-falsification-in-surveys/.

訳者あとがき

　本書は, Salsburg, David S., *Errors, Blunders, and Lies: How to Tell the Difference* (CRC Press, 2017) の全訳である。著者の Salsburg 氏のことは, 前著 *The Lady Tasting Tea* (W. H. Freeman, 2001) (邦訳『統計学を拓いた異才たち』(日本経済新聞社, 2006)) でご存じの読者もいるかもしれないが, 簡単に経歴を紹介しよう。氏は 1931 年生まれで, ペンシルベニア大学で歴史学を学んだ後, 米国海軍に勤務し, その後再び大学に戻って数学や数理統計学を学んでいる。コネチカット大学で数理統計学の博士号を取得したのちに, 米国の製薬会社であるファイザー社に 1995 年までの 27 年間勤務し, コネチカット州グロトンにあるファイザー中央研究所で統計家として活躍した。ファイザー社を退職した後も, ハーバード大学の公衆衛生学部やイェール大学などで教鞭をとり, 85 歳となる 2016 年の秋学期までイェール大学で統計学を教えていたそうである。2021 年で 90 歳となるご高齢であるが, 前著の翻訳時と同様に電子メールを使いこなし,「日本語版への序文」執筆のお願いにも快く応じて下さった。

　本書は, 氏が一般向けに書いた統計学の本としては, 前著に引き続き 2 冊目になる。また本書は, アメリカ統計学会 (ASA) と CRC Press が共同で企画した, 科学や社会における統計的推論の利用についてのシリーズ (ASA-CRC series on Statistical Reasoning in Science and Society) の最初の一冊である。2020 年末までに, このシリーズでは, 本書を含み, スポーツ, データの可視化, 社会の測定などを扱った計 9 冊が刊行されている。

　本書では, 統計学が諸科学や社会生活の中でどのように使われているかを, 実例や歴史的エピソードを挙げながら説明したものである。本書のタイトルにあるように,「誤差」「大間違い」「ウソ」を統計学がどのように扱ってきたか, が切り口となっている。統計学の知識があまりなくても, 統計学の使わ

れ方についての雰囲気はつかめるように，多少の数式はあるものの，高校数学の知識があれば理解できるような説明になっている。数式ばかりの統計学の授業を受けて，「何の役に立つのか」と感じた学生や社会人にとって，本書はその答えの一つを与えるものになっているし，統計学の発想や世界観がどのようなものであるかが垣間見えるものにもなっている。統計学を学ぶ学生にとって，よい副読本になることを期待している。

　本書の翻訳は，共立出版の菅沼正裕氏より本書の存在を教えていただいたことがきっかけとなっている。翻訳作業は第Ⅰ部と第Ⅱ部を竹内，第Ⅲ部と第Ⅳ部を濵田が分担して行った。前著でも経験したことであるが，本書においても誤記があり，我々が気の付いた箇所は事実確認をしたうえで訂正し，訳注を付けてある。もし見落とした点があれば，ご指摘を頂きたい。当初は，2年程度で訳出を終える予定であったが，竹内の訳出の遅れから，予定より1年程度出版が遅れることとなり，関係各位にご迷惑をおかけした。

　最後に，翻訳にあたってお世話になったお二人に御礼を申し上げたい。竹内研究室の山本一巴さんには，翻訳作業中，訳出チェックなどで大変お世話になった。また共立出版の菅沼氏には，本書出版の機会を与えていただいただけでなく，完成まで辛抱強く，温かい目で見守って下さった。心より御礼申し上げたい。

2021 年 6 月

竹内惠行・濵田悦生

用語集

一致性 パラメータの推定量について，観測値を増やせば増やすほど推定値が真値に近い確率が大きくなるような性質。

ウィンザー化平均 観測値を小さいものから並び替えて，上側と下側 XX%にある値のすべてその境界に最も近い値に変化させた，汚染されていると思われる誤差分布における平均の推定量。XX は汚染された分布との兼ね合いから決定される。

オッズ ある事象が起こる確率を p として，$p/(1-p)$ がその事象のオッズとなる。

頑健な（頑健性） ある統計的手法が前提とする数学的仮定がたとえ満たされていなくても，その手法が有益となるような性質。

偽発見率 「大きな p, 小さな N」問題において，「有意な」関係と判定されたものが実際には偽りである割合。

決定係数 R^2 想定されたモデルにおける予測値と観測値との相関係数を 2 乗したもので，観測値の分散のうち予測によって説明される部分の割合を測っている。

最小分散 推定量の分散が他のすべての推定量の分散以下となる推定量に関する望ましい性質の一つ。

最尤推定量 観測値に関連した尤度を最大にすることによって得られるパラメータの推定量。

自由度調整済み決定係数 R^2 回帰モデルにおけるデータ数を考慮に入れた，モデルによる分散の説明される部分の割合。

正規分布 比較的容易に計算ができる性質のため，統計解析で広く使われている誤差項に対する理論的な分布関数。もし手元にある問題に対して中心極限定理が成り立つならば，その誤差は正規分布に従っている。

制限された検定 よく吟味された仮説に対して敏感に反応するように設計された統計的検定。

対称性 誤差分布について，平均値から等しく離れた正の誤差と負の誤差の生じる確率がそれぞれ等しい性質。

対数オッズ ある事象の起こる確率を p として，$\log_e(p/(1-p))$ がその事象の対数オッズとなる。

ダミー変数 回帰の要素で，ある事象が起これば 1, 起こらなければ 0 とする変数。

ステップワイズ回帰 多重線形回帰分析の一つで，説明変数として多くの候補があるとき，モデルで説明される分散の割合を調べることによって，

説明変数を絞り込んで選択する方法。

中央値　観測値が，その値以下のものが半分で，その値以上のものも半分となるような値のこと。誤差項の理論的分布における中央値は，その値以下の確率，もしくはその値以上の確率が 0.50 となる値のこと。

中心極限定理　大量の小さな値の和として考えられうるどんな誤差でも，正規分布に従っていると記述することができるという推測[†]。

トリム平均　観測値を小さいものから並べ替えて，中央の XX% だけを使う，汚染されていると思われる誤差分布における平均の推定量。XX は汚染された分布との兼ね合いから決定される。

標本標準偏差　観測値から導出された誤差分布の標準偏差の推定値。

標本分散　観測値から導出された誤差分布の分散の推定値。

標本平均　観測値の和を観測値の個数で割ったもの。これは，分布の平均に対して非常によく使われる推定量である。

標準偏差　誤差分布の分散の平方根。

不偏な　パラメータの推定量に対する誤差分布の平均がパラメータの値と一致する性質。

分散　誤差分布の散らばりの尺度の一つ。その分布の平均とそれぞれの値との差を 2 乗したものの平均である。

平均　誤差分布の中心であり，そのパラメータは観測データによって推測することができる。

ポアソン分布　事象がときおり起こる状況下で，観測単位である時間または試行回数の中において，その事象が k 回起こる確率が，その事象が起こる平均回数のみをパラメータとする関数に従う分布。

ランダム化回答法　回答者がランダムに二つの質問のうち一つを回答することで，違法行為や社会的に認められない行為を行った人の割合を見出す調査方法。

モンテカルロ法　データをある特定の確率分布から生成して，そのデータを用いて，色々な関数の確率的な挙動を解明するのに使われるコンピュータ研究。

尤度　分布の確率の式に観測値を代入した結果，未知な変数がパラメータだけとなった式。

ワイブル分布　対称ではない分布ではあるが，そのパラメータは，データがどのような条件下で観測されたのかによって，容易に推定されうる。

[†] 訳注：ここは著者の嫌味か諧謔であろうか。中心極限定理は確率論で中心となる定理で，立派な数学の定理である。27 ページの脚注も参照。

索 引

【著者紹介】

デイヴィッド・サルツブルグ (David S. Salsburg)

1931 年生まれ

1952 年　ペンシルバニア大学卒業 (BA in history)

1966 年　コネチカット大学統計学科博士課程修了
(Ph.D. in mathematical statistics)

1968 年　米ファイザー社 (Pfizer) に就職
同社中央研究所上級研究員を経て，1995 年退職

主　著　*The Use of Restricted Significance Tests in Clinical Trials*
(Springer, 1992)
The Lady Tasting Tea: How Statistics Revolutionized Science in the Twentieth Century (W.H. Freeman, 2001)

【訳者紹介】

竹内　惠行 (たけうち　よしゆき)

1989 年　東京大学大学院経済学研究科統計学専攻第二種博士課程単位取得退学

現　在　大阪大学大学院経済学研究科 准教授
経済学修士

専　門　統計学，統計学史，計量経済学，経営人類学

主　著　*Enterprise as an Instrument of Civilization* (共編，Springer, 2016)

濱田　悦生 (はまだ　えつお)

1997 年　大阪大学大学院基礎工学研究科数理系専攻博士後期課程修了

現　在　大阪工業大学情報科学部 教授
博士（理学）

専　門　数理統計学，データ科学

主　著　データサイエンスの基礎（単著，講談社，2019）

「誤差」「大間違い」「ウソ」を
見分ける統計学

（原題：*Errors, Blunders, and Lies:*
How to Tell the Difference）

2021 年 7 月 31 日　初版 1 刷発行
2021 年 12 月 15 日　初版 2 刷発行

検印廃止
NDC 417

ISBN 978-4-320-11450-0

著　者　デイヴィッド・サルツブルグ

訳　者　竹内惠行　　ⓒ2021
　　　　濱田悦生

発行者　南條光章

発行所　**共立出版株式会社**

郵便番号 112-0006
東京都文京区小日向 4 丁目 6 番 19 号
電話 (03) 3947-2511（代表）
振替口座 00110-2-57035 番
URL www.kyoritsu-pub.co.jp

印　刷　加藤文明社

製　本　協栄製本

一般社団法人
自然科学書協会
会員

Printed in Japan